景观·建筑设计专业案头参考书籍

Integrated Techniques for Hand-painted
Landscape and Architecture Drawings

景观·建筑

手绘表现综合技法

赵 航 著

中国青年出版社

图书在版编目（CIP）数据

景观、建筑手绘表现综合技法 / 赵航著. — 北京：中国青年出版社，2018.9
ISBN 978-7-5153-5255-8
I.①景… II.①赵… III.①景观设计－绘画技法②建筑画－绘画技法 IV.①TU986.2②TU204.11
中国版本图书馆CIP数据核字（2018）第196298号

景观·建筑手绘表现综合技法

赵航 著

出版发行：中国青年出版社
地　　址：北京市东四十二条21号
邮政编码：100708
电　　话：（010）50856188 / 50856199
传　　真：（010）50856111
企　　划：北京中青雄狮数码传媒科技有限公司

责任编辑：张　军
助理编辑：杨佩云
封面制作：乌　兰

印　　刷：北京瑞禾色彩印刷有限公司
开　　本：787×1092　1/16
印　　张：10.5
版　　次：2018年11月北京第1版
印　　次：2018年11月第1次印刷
书　　号：ISBN 978-7-5153-5255-8
定　　价：65.00元

本书如有印装质量等问题，请与本社联系
电话：（010）50856188 / 50856199
读者来信：reader@cypmedia.com
如有其他问题请访问我们的网站：www.cypmedia.com

前　言

这本书的前身是2006年首次出版发行的《景观、建筑手绘效果图综合技法》，那是当时第一本针对建筑和景观手绘表现的综合技法教材，受到了很多手绘学习者和爱好者的关注和喜爱。

在漫长的12年中，我自己和来拓一直在通过手绘教学实践检验着这本书的内容，而且让我倍感欣慰的是检验效果是很显著的，很多学习者从中受益，从"零基础"变为了一个能用手绘去表现自己方案的设计师。所以，12年后的今天重新整理、编辑这本书的时候感触颇多，特别是带着对这些年教学实践中验证与发现新问题的无数片段的回忆，笔下一段段新的文字已经融入了当年编写此书时的思绪之中。

因此，今天这本书并不是再版，而是"升级版"，这当中包括重新梳理章节顺序、修改讲解内容、增加技法细节以及更换范图具体而细致的工作。这些修改和加入的新内容大多来自于这12年中对学习者们在学习过程中所遇到的新问题的总结与归纳，同时也包含着我自身积累的新经验、新感受和新的观念。汇总在一起反馈给学习者们，有些内容真的有了全新的"价值"，值得大家仔细体会。

对于如此之多的变化，没有变的是这套技法的章节模块，这是由教学经验积累而来的一个完整的手绘教程，每个环节都非常重要且相互关联，所以称之为"综合技法"，也是这本书从诞生时起就具有的实质价值。12年来，学习们正是在这个体系中对每个模块逐一了解、学习、训练，并最终达到融会贯通的。这个过程虽然不可谓不艰辛，但是所实现的学习成果也是显而易见的。

在上本书的序言中有一段话："值得说明的是，手绘技法知识只是本书的内容体现，而这本教材主要阐明的是手绘学习的根本——手绘能力是意识与经验的结合，意识所包含的是对设计的理解和自身的想象能力，而经验则是通过扎扎实实、坚持不懈的磨练所得到的。"12年后的今天，这段话仍然不变，因为它始终是这套教程所要传达的最核心观念。

在这个的序言中，我不想再重复地说："希望这本书能够对学习者和爱好者有所帮助"，因为这是已经经过检验的。

我现在想说的是：希望大家在学习中能够真正体会到这本书的价值所在，从而让自己做到"会学"而不是"学会"。

目 录

第 1 章　用笔要领与画线基础训练

景观、建筑设计手绘从草图、快速表现到成品效果图，都对画线有较高的要求。画线是手绘最根本的基础，特别是线的风格与画面效果有直接关系。各种风格线形的运用都要从基本功练起，学习徒手画线是手绘学习的第一步，用线的方式与方法体现着手绘者对手绘的理解和技法水平。

1 画线用的笔类工具

手绘表现的展现形式和手法很多，对画具及材料也有不同的要求。随着学习的不断深入，从基础练习到成品表现，我们将接触到不同的绘画工具和辅助材料，并逐渐学会使用它们。本章讲解的内容是画线，我们就先来了解一下手绘中普通使用的画线工具，主要分为铅笔和绘图笔两大类（如图1）。

图1　手绘常用画线工具

绘图铅笔

绘图铅笔是手绘画线最常用的工具之一，主要是在草图设计阶段使用。在景观、建筑手绘表现中一般用于草稿和水彩线稿的绘制，建议大家使用2B～4B型号（如图2）。

图2　绘图铅笔

自动铅笔

自动铅笔一般不被列为正规的手绘工具，但在实际应用中，特别是在精细的效果图线稿绘制中，它同样有优质的表现，也能画出独到的风格。建议大家选用铅芯型号为0.7mm的设计专用自动铅笔（红环、三菱等品牌为佳），也可以采用2.0mm的自动铅笔与标准绘图铅笔，它们在使用技法上是相同的（如图3）。

图3　自动铅笔

绘图笔

　　绘图笔是应用最为普遍的标准画线工具，适合草图、快速表现及效果图线稿的绘制。绘图笔一般被称作"一次性针管笔"或"墨线笔"。需要指出的是，很多初学者认为这种笔的笔头型号选择越小越好，如0.1、0.2，甚至是0.05，其实这是一个误区，过细的笔头很难实现手绘特有的概括性表现力及其特有的效果，所以建议大家选用0.3、0.5和0.8型号为宜（如图4）。

图4　绘图笔

签字笔

　　签字笔仅从名称来看就不是专业的绘图工具，但是在实际设计手绘表现中也是被普遍使用的。签字笔的笔头特征与绘图笔十分相似，二者除了使用手感不同，画线的效果差异并不明显，所以，在草图或快速表现中完全可以使用它（如图5）。

图5　签字笔

双头笔

　　双头笔也是一种非常优秀的手绘画线工具，它的细笔头可用于画线，粗笔头则适合阴影和边角的处理，两者配合十分适合草图和快速表现，能体现出帅气、概括的效果（如图6）。

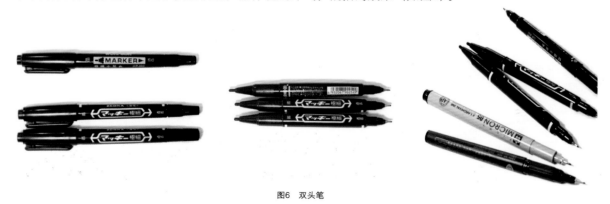

图6　双头笔

2 用笔要领

手绘表现对握笔、用笔的姿态有一定的要求，当然，这不能说是严格的规范，但正确的姿态是画好手绘的前提。

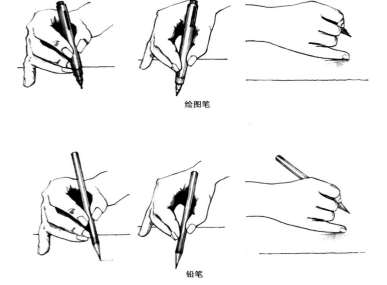

绘图笔

铅笔

图7　各角度正确握笔姿态

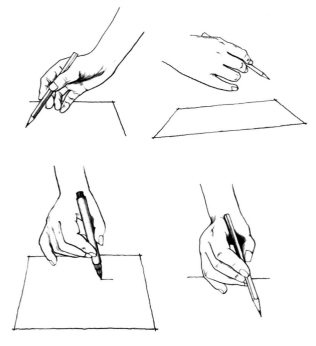

图8　各角度悬笔姿态

握笔姿态

标准的握笔姿态是用拇指与食指轻轻握住笔杆前端，中指轻轻托于下方，无名指自然悬空，小拇指轻微向外伸展并抵在纸面上，其目的首先是作为支撑点，不让手和其他部位接触纸面，保持画面的清洁，更主要的是让小拇指成为画笔运线的一个平衡轴，使运线过程平稳、持久（如图7）。实际上，悬手运线是最佳姿态，可以循序适应并掌握，不必在初学时勉强尝试（如图8）。

握笔力度

这个握笔姿态首先要强调的是握笔力度很轻，绝对不能紧紧掐住笔身，应尽量放松，体会笔随手动，手随笔动的感觉和状态。

握笔距离

在初学时，握笔点应在距笔尖3cm左右的位置，随着日趋熟练而逐步向后移动，握笔点逐渐退至距笔尖6cm左右的位置，总体把握"宁远勿近"的原则（如图9）。

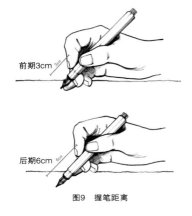

前期3cm

后期6cm

图9　握笔距离

握笔角度

笔杆与纸面角度控制的基本原则是"宁低勿高"。初学时大多人的角度约为45°～60°，通过练习，手感逐步提升后，可逐渐降低至45°以下（如图10）。

前期60°持笔角度　　　　后期45°持笔角度

图10　握笔角度

常见错误握笔

手掌侧面着纸——这是一种普遍性的错误用笔姿态，会增大运线的阻力，不仅不利于平稳运线，也不利于保持画面清洁。

女生握笔姿态——这也是最常见的错误握笔姿态，实际上就是将日常写字的姿态直接用于手绘画线，这样的握笔方式在力度和角度上都非常不利于运线，限制了笔的自由运动，应特别注意改正这种握笔习惯（如图11）。

手掌侧面着纸　　　　书写式握笔姿态（女生较普遍）

图11　常见错误握笔

绘图坐姿

坐姿是影响画线效果的重要因素之一，错误的坐姿会造成观察错觉，使画面变形或出现比例错误。正确的坐姿是身体应略微前倾，让眼睛与纸面保持尽量远的垂直距离，这样才能够保证视线与画面之间有合理的间距与客观的视角（如图12）。如果条件允许，建议大家使用可变换角度的设计台。

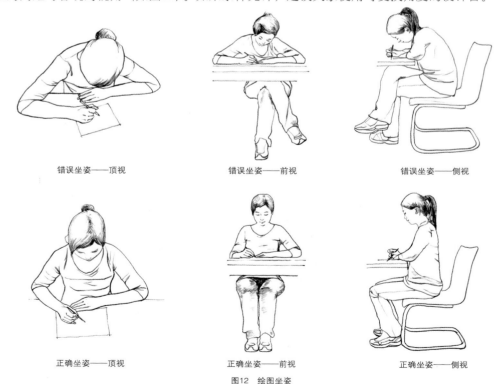

错误坐姿——顶视　　　　错误坐姿——前视　　　　错误坐姿——侧视

正确坐姿——顶视　　　　正确坐姿——前视　　　　正确坐姿——侧视

图12　绘图坐姿

3 观察方法

徒手画线的基础并不仅仅是训练手的熟练度，先决条件应是训练眼睛掌控运线的能力，做到"眼带着手走"，让眼睛成为衡量、把控运线的"标尺"，这就叫做"手眼配合"。所以，在学习画线之前，必须先掌握观察方法的相关要领。

平行观察

平行观察是最基本也是最常用的观察方法。要想把平行线画直，就需要有笔直的视觉参照，在不借助尺规的情况下，可以将纸张的边缘作为参照。例如我们要画一条竖线，在起笔时应该将视线放在笔尖与纸的竖向边缘之间，笔在自上向下运动的过程中，眼睛应始终注视所画线条与纸边之间的距离，保持平行。在此情况下，纸的竖向边缘就成为了我们运线的依据，这样画出的线就不会偏离"轨道"（如图13）。

平行观察的要领在于随着运笔的过程反复衡量两线之间的间距，而不可将视线集中于某一条线。观察线与线之间的空间，是观察方法的基本要求，学习者应从平行观察开始培养这种习惯，在初期练习时，应该尽量注意放慢速度。

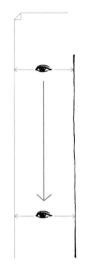

图13 平行观察

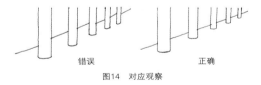

错误　　　　　　　　正确

图14 对应观察

图15 视线保持在连续的直线轨迹上

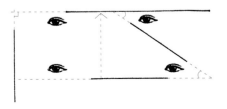

图16 对应观察

对应观察（延续观察／虚拟观察）

画线练习不是盲目的，其目的是为了组成各种图形，因此单一线条画的好坏并不能说明什么问题。在画多条直线时，我们应该有意识、有条理地去主动观察它们之间的关系，每条线都有其生成的相对依据和与其他线的关联性。

对应观察是以分散目光审视线与线之间的各种关系，为要画的线条生成一条虚拟的延长线，延伸到对应的位置（点、线或者一定的区域内），因此这种观察方法又被称为"延续观察"或"虚拟观察"（如图14）。

对应观察是对除平行线之外的直线间关系的一种视觉归纳和衡量，主要涉及两个方面：一方面是对存在连续关系的多条线段进行归纳观察，要求在绘制线段时回视前面的线段，使视线保持在一条连续的直线轨迹上（如图15）；另一方面是对线段之间夹角的衡量，在画线时要注意观察线段之间的夹角，包括不交叉线段之间的角度关系，如左图4所示，特别应注意对90°、45°、30°或60°的观察，使自己对这几个常见、常用的几何角度形成比较深刻的形象记忆。这是一种很重要也很有效的观察手段，通过这种方法所画出的线条关系明确，组织有序，对于今后的手绘表现是非常必要的。

目测观察

手绘表现有别于纯绘画，其中重要的一点就是手绘需要有尺度概念，在实际绘图中体现为尺寸的目测能力。

目测观察主要是训练对线条长度及相互之间距离的视觉把握和控制力，在画线过程中目测所画线条的长度，观察不同线条间的长度差异，培养的是一种尺度限定习惯，因此在这里，度的含义是衡量、把握（发音为"duó"）。

在初期画线练习中，过大或偏小的尺度偏差往往预示了个人画图的尺度惯性，需要引起重视，及时纠正，以避免今后在实际表现中造成画面失控的局面。

厘米是比例换算的基本单位，也是被普遍熟识的单位，因此在练习中，我们用厘米作为度量单位，在起笔与收笔间进行目测尝试，以培养这种必要的观察习惯。在脱尺手绘中要确保比例准确，培养根据一般画面观察尺寸的经验，建议大家针对1、3、6、10、15、20、30这几个厘米长度单位进行目测训练，并形成印象（如图17）。

平衡观察（分割观察）

平衡观察是对线段(或某个距离)进行逐量的视觉分配，以求得平均量或一定比例的重要观察方法。观察要领在于准确判断中心点，对"量"进行逐级的视觉分割，以训练视觉分配的能力，所以也叫"分割观察"。

例如我们要将一条横线平均分为四段，首先要用眼睛审定左右平衡关系后确立中心线，先将这条横线均分为两段，然后再依次进行平均化视觉衡量，在左右两段横线上画出第二和第三条（中心）分割线（如图18）。这种观察方式也是一种目测，但判断的不是具体数据，而是对"量"的感觉和把控——即对画面上下和左右关系进行视觉分配并相互比较的能力（如图19）。

在绘制均等关系时，如柱列、窗、铺装等，应采用判断中心的方式逐级分割，由中心向四面扩散的观察方式，而不是从线条的一侧向另一侧单方向推算（如图20）。

平衡观察虽然比较简单，但对我们今后的实际表现所起的作用却是非常大的（如图21）。

在实际表现的透视中，是以先判断均等关系，而后再逐级缩小的方式来控制分割的，而并非完全取决于透视求算。

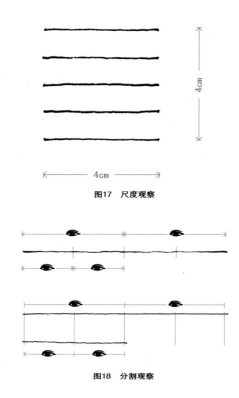

图17　尺度观察

图18　分割观察

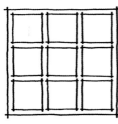

图19　均衡图形分割训练

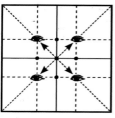

图20　分割观察示景

图21　实际表现中的分割实例

　　上述几种观察方法都属于"整体观察"，核心在于视线要分散于整个画面中的多个点、多条线及多个面，并比较相互之间的比例和尺度关系，不能只聚焦于笔尖。用比较通俗的话描述，就是"画哪儿不就不看哪儿"，这句话听起来很奇怪，但实际上却是行之有效的，因为画线训练并不仅是为了把某条线画好，而是为了确保在今后的手绘表现中避免出现比例失调或者形体关系错误等弊病。

　　观察方法的训练实际上就是观察习惯的养成，在教学实践中，我们看到这并不是一个多么艰难的过程，只需要时刻提醒自己，形成意识习惯。当然，在初期训练时会使画线速度大幅减慢，每画一条线都会很"谨慎"，适应和熟练后速度就会逐渐恢复。总之，这种"眼为先"的观察能力培养优先于画线本身，必须作为先决条件给予重视并认真养成。

4 直线训练

在手绘表现中，直线是最基础的线形，应用最普遍，徒手画直线也被视为手绘表现中最重要的基本能力。直线训练并不高深、复杂，根据线条的性格特征主要分为"快"与"慢"两种类型（如图22）。训练的重点在于熟悉掌握它们的效果和运笔要领。

快线局部　　　　　　　　　　　　　　　　慢线局部

图22　"快"与"慢"两种直线画面效果示意

快线（快画法）

快线也被称为快画法和硬画法，线形效果干脆利落，有明显的硬度感，运笔需要果断、干净，笔尖迅速地划过纸面，画出的线条两端有明显的顿点，因此也俗称为"骨头线"（如图23）。快线富有力度和韧性，其要领是在起笔和收笔时顿笔，使线条头尾清晰，所以，在练习中应着重体会运笔的顿挫感，此外，还应注意线条交叉的表现要略微夸张（如图24）。

绘图笔最适合快线表现，画面效果比较帅气、潇洒，一般适合内容和线条比较丰富的画面（例如商业场景和铺装等人工线条较多的景观场景），但不太适合表现简洁、空旷或自然景观（种植）较多的场景画面，所以不应"迷信"这种画线表现形式。

快画法虽然对画线速度具有一定的要求，但是实际上它的速度与力度并不成正比，所以不能盲目地为了追求速度而加大对笔尖的按压力度，那样画出的线条会很僵硬并且缺乏韧性。在起笔和收笔的时候要略微加力顿笔，画出较为明确的起点和终点，做到有头有尾。

图23　不同长度的快线——绘图笔

初学手绘者对快画法往往不能很快适应，经常由于信心不足而不由自主地放慢或盲目刻意提高画线的速度，这样不但不会有所帮助，反倒容易把线画弯。在初期练习时，首先要确保把线画直，不必刻意同时追求长度，画线长度大致控制在5cm～10cm左右为宜，随着熟练程度的提高，逐渐增加长度和速度的限定，循序渐进，就能逐步提高徒手画线的能力，画出既长又直的线（如图25～26）。

图24　交叉出头示意

图25　快线表现实例

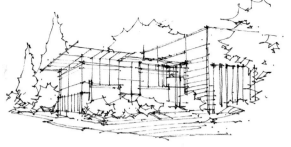

图26　快线表现实例

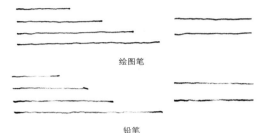

绘图笔

铅笔

图27　不同长度慢线

慢线

慢线是建筑师最普遍使用的手绘草图画线方法，也被称为"蝌蚪线"，是一种易于掌握的运线方式。慢线的线条效果十分沉稳、放松，运笔平稳、舒缓，特点是在运线过程中保持轻微的抖动，使其呈波纹效果，需要注意的是，这种抖动不是均匀的，而是不规则的（如图27）。慢线的两端也要有轻微的顿笔痕迹，线条交叉也需要出头。这样画出的线条虽不能体现硬朗锋锐的效果，但平稳耐看，因此这种方法也被称为软画法。

慢线要求在画线时平心静气，保持均匀的速度和力度，相比快线而言，慢线的持续性更强。但慢画法并不适合一气贯通，应在运线过程中适当停顿，然后再继续画，目的是保持更放松的运线状态，同时也能使所画出的线条更具有节奏感，需要注意的是，停顿时笔尖不可离开纸面（如图28~29）。

慢线平稳、放松而富于手绘味道的效果使它广泛适合各类题材和内容表现，同时它也是徒手画线的基础训练内容之一。

图28　慢线表现实例

图29　慢线表现实例

运笔姿态要领

　　画直线的训练除对笔法特征的了解与掌握之外，更重要的是要注意运笔姿态。直线运笔的过程是由胳膊的运动完成的，而不是手腕，手腕摆动会严重影响运线的平稳度，也是学习者中常见的错误现象。直线运笔分为展开和收拢两种姿态，可根据个人体会选择或两者并用（如图30）。在运线时应注意体会用胳膊带动笔身保持平稳移动的感觉，并应随时注意手腕是否出现轻微的摆动，初期会略有明显的僵硬机械感，画线速度也会较慢，但适应后便可轻松自如。这种运笔姿态是画好直线的重要保障，需要在学习期间着重体会。

收拢姿态　　　　　　　　　　　　　　　　展开姿态

图30　直线运笔姿态示意

运线方向训练

　　很多学习者在直线练习中感到画横向线条比较顺手，而不能顺畅地画纵向线条，这是很正常的情况，需要通过训练逐渐适应。最简单的方式就是在一个时间段内做反向运线练习，即不论是横线还是纵线都以反方向运线，特别是纵线（如图31）。集中练习一段时间后，手感就会有明显的变化，大家不妨一试。

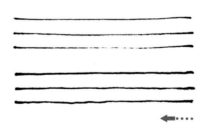
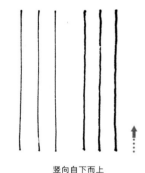

横向由右至左　　　　　　　　　　　　　　竖向自下而上

图31　运笔方向示意

常见的错误画线方式

1. 涂改的习惯

　　学习者在初期练习中经常出现频繁涂改的现象，只要一感觉线画得不舒服或不直就涂掉重新画，在手绘训练中，这是不好的习惯（如图32）。徒手画线的练习不在于某一根线条画得是否完美，而在于控制线与线的组合来实现画面的整体效果表达，这是一个通过"量"的积累来提高熟练度的过程，所以在练习阶段尽量不要使用橡皮或涂改液等修改工具。

图32　涂改的习惯

2．不确定的习惯

描线、甩笔、蓄线、荡笔，在手绘训练中都是不好的习惯（如图33）。

学习者经常会因为担心线画得"不准"，下意识地在一根直线上重复描画两、三次，从而养成了描线补笔的习惯；而有些学习者则习惯于蓄线，以短促的线条"推"着运线；还有一种情况是甩笔，在画一条直线时，没有明确的收笔，而是快速甩出去，使线条的末端变成了"消失"效果的"尾巴"；还有一些学过绘画的学生习惯于先起稿——把素描中画轮廓线的概括性方法用于手绘练习，在一根直线上反复"荡笔"。

以上这几种错误画线习惯的共性就是"不确定"。实际上这是初学阶段不自信的表现，应该着力克服，避免形成惯性，否则会严重影响日后手绘画面的效果，手绘线条的基本原则是明确、肯定，不能模棱两可，所以在练习阶段就应该做到一笔是一笔，线条一根是一根，这样才能顺利提高速度、平稳度和准确度。

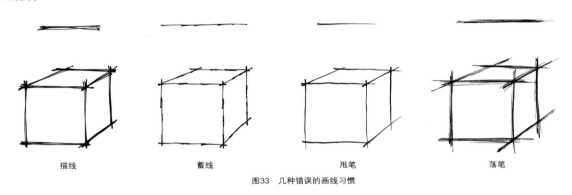

描线　　　　　　蓄线　　　　　　甩笔　　　　　　荡笔

图33　几种错误的画线习惯

3．顺手的习惯

徒手画直线不应局限于画横线、竖线和斜线，也不能只练习惯和顺手的方向，对各个不同走向的线条都要反复练习，以提高手的灵活性和适应性。对大多数人来说，刚开始都是画某一种或几种方向的直线比较顺手，但是不能适应更多的方向。在这种情况下，有些学生就认为自己对于这些方向具有"先天缺陷"，于是回避这种多方向练习，遇到不适应的方向时就转动纸张，调换到自己比较顺手的方向，有时甚至会围着桌子转圈画（如图34）。这些习惯都是非常不可取的，很容易让人产生惰性，大大降低手的灵活适应性和眼睛的观察能力，同时还会影响所画直线尺度、比例的准确度，导致对整体画面表现的失控。这种不良习惯在初学期间很容易形成，也比较普遍，不易改正，所以要特别引起初学者的注意。

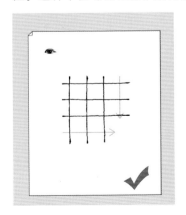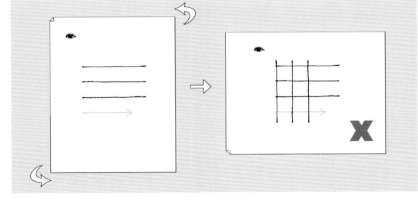

图34　徒手画直线不能回避多方向的练习，转动纸张是不可取的

5 曲线训练

很多学习者认为手绘画线训练是以直线为主，在意识中，对曲线没有认识，更不重视，实际上曲线也是手绘画线基础中最重要的内容之一，特别是在景观表现中所占的比重非常高，是手绘基础学习中必不可少的一项。

自由曲线

曲线运笔方式与直线相反，主要依靠的是手腕的灵活摆动，控制运线，自由曲线就像它的名字一样，是在纸面上自由地画出圆润顺畅的连续的曲线，看似比较随意，但意义很重要。它的训练目的首先是为了提升"手眼配合"的熟练度，要求在画线时"眼在先，手在后"，两者始终保持一段时间差，让运线的走向完全由眼睛来提前判断决定，而不是无目的的随意游荡；其次的目的是在连续的自由运线过程中潜移默化地训练提升曲线审美的能力，这对于经常绘制景观平面图的设计师很有帮助（如图35）。

弧线

弧线是曲线训练中最重要的内容，它的重要意义不亚于直线，在画面中几乎是无处不在。在画面中，一条普通的曲线往往是由多条弧线相切的方法表现的（如图36），不像自由曲线那样圆润，目的是为了体现手绘特有的味道。

弧线的训练要掌握如下几个要领：

1. 速度

为了体现弧形线条圆润光滑和具有韧性的效果，首先重要的是出笔速度，只有快速出笔才能达到这种标准效果，甚至比直线快画法的速度还要快，一旦降低速度就会出现抖动或失衡，也会使弧线失去应有的弹性与韧性。

当然，在初期训练时，加快画线的速度难免会出现失控的现象，画弧线时越是速度快，就越应该有意识地强调起笔和收笔，以起到一定的节制作用，不至于因为速度过快而使线条"发飘"，画任何线条时都是如此（如图37）。

2. 长度

弧线训练的长度与实际表现需要并无直接关系，但如果在练习中所画的弧线过短也很难起到训练的作用，因此，在这里我们建议一个比较适合练习的长度：从起笔点到收笔点之间的直线距离控制在5cm～6cm左右（如图38）。

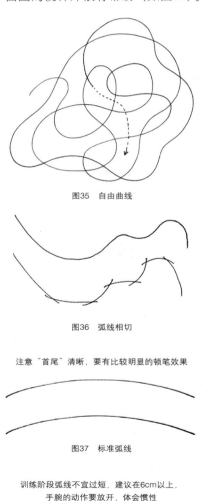

图35　自由曲线

图36　弧线相切

注意"首尾"清晰，要有比较明显的顿笔效果

图37　标准弧线

训练阶段弧线不宜过短，建议在6cm以上，手腕的动作要放开，体会惯性

6cm

图38　弧线练习长度

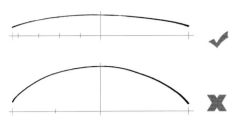

图39 错误弧度与正确弧度对比

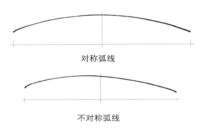

对称弧线

不对称弧线

图40 弧线的平衡和匀称对比

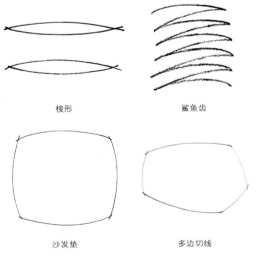

梭形　　　　　鲨鱼齿

沙发垫　　　　多边切线

图41 多方向弧线训练

3．弧度

在实际手绘表现中，由于透视的原因，很多形态往往都被"压"得"很扁"。例如平面图中的一个圆形，在透视中就应该是一个很"扁"的椭圆形，所以画面中弧线的弧度一般都是很小的。基于这种情况，我们在练习阶段就要提早控制所画弧线的弧度大小。学习者往往在初期时无意识地把弧度画得过大，甚至接近半圆形，这是练习中常见的错误，应尽力纠正（如图39）。

4．对称

所谓对称是针对所画弧线的起笔点和收笔点而言的，匀称的线条才能体现出弧线的张力和流线美感。为了达到这个效果，在练习初期就要对所画的弧线进行检查（如图40）。简易的绘制方法就是在弧线的起笔点和收笔点之间连条直线，然后在正中作垂直线并穿过弧线，这样组合而成的图形看上去就像是一副弓箭，被"箭"分割开的两边如果对称，那么就说明这条弧线是合格的。这种自我检测的方法十分有效，可以很快发现偏差，纠正弧线失衡的问题。经过一段时间的练习之后就能很快画出匀称的弧线了。此外还要注意一点，不良的坐姿往往也是导致弧线失衡的原因。

这种自检方法还可以用来检查弧度，注意"弓弦"和"弓背"的夹角控制在15°～20°之间为宜。

5．方向

弧线比直线训练更强调运线的多向性，基础训练是从"上弧"和"下弧"的组合梭形开始，而后训练纵向的"左弧"和"右弧"及更多方向，初期训练时也难免感到不适应，很难在各方向运线中都得到平衡和适合的弧度，这与直线的"反向运线"一样需要一段时间的适应，而不能回避，只去练习自己觉得"顺手"的方向（如图41）。

弧线练习的要求是比较严格的，因为在景观画面中，弧线是基础笔法元素。徒手画弧线不仅能够在较好的控制画面中的形体构造，也容易体现手绘特有的视觉效果。

6 图形训练

把线条画好是阶段性的目的，也是初级的用笔基础。经过一段时间的徒手画线练习后，手和眼的配合已经达到了一定的熟练度，接下来，我们就把基本的线条组合成几何图形，来进行更加深入的综合性练习，这种"升级练习"是一个新的训练。

矩形——正方形、长方形

正方形是最单纯的几何图形元素，看似简单，但对于手绘基础训练来说是一个非常适合和重要的图形。练习时要注意三个要点：一是通过"分笔"（分别画四条线形成正方形）和连笔（以一笔连续画出正方形）两种方式练习，这两种画法的训练效果是不同的，两者都要练也都要适应；第二是在画正方形练习时给自己制定尺寸（如3cm、6cm、10cm），这一点非常重要，切不可随意；第三是随时检查自己所画正方形的比例和夹角，初学者经常把正方形画成长方形或平行四边形，在实际教学中，我们发现其实造成这种比例失控的原因往往是因为坐姿问题。

长方形的练习与正方形同理，也可以同时进行，但是训练的长宽比例不可过于接近，应适当加大，（如图42）。

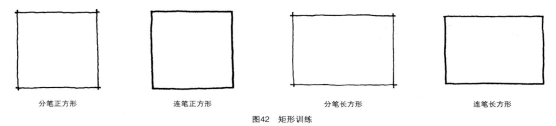

分笔正方形　　　　连笔正方形　　　　分笔长方形　　　　连笔长方形

图42　矩形训练

在经过一段时间的矩形练习后，就要进行更复杂一些的训练，例如十字分割、对角分割、井字分割等，这种升级的训练是为了进一步提高手眼配合能力，需循序渐进（如图43）。

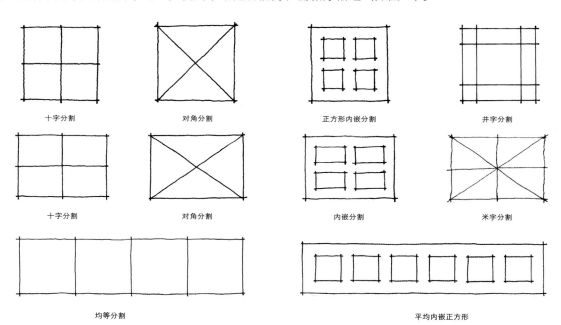

十字分割　　　　对角分割　　　　正方形内嵌分割　　　　井字分割

十字分割　　　　对角分割　　　　内嵌分割　　　　米字分割

均等分割　　　　　　　　平均内嵌正方形

图43　升级训练

梯形——等腰梯形、直角梯形

梯形的练习主要是为适应今后在画面中进行透视效果的表达，而提前适应"梯形"的形态特征。画梯形时也要依靠前面所学的观察方法，以直角梯形和等腰梯形为主要练习图形，注意内角的角度及其对应关系，但建议练习的图形尺寸不要太小（如图44）。

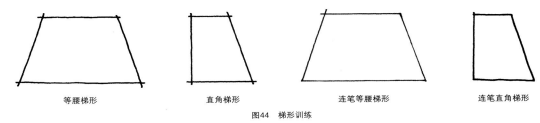

等腰梯形　　　　直角梯形　　　　连笔等腰梯形　　　　连笔直角梯形

图44　梯形训练

三角形——等腰三角形、等边三角形

练习三角形也是为了增强对透视的视觉适应性，同时还有助于"对应观察"能力的提高，在练习中要特别注意内外角度的视觉估量。先从等腰三角形开始入手，随后进行等边三角形的练习，以提高对自由角度的对称视觉把握能力（如图45）。需要注意的是，在进行等边三角形的练习时不能转动画纸，对每一个画好的等边三角形都要用平衡观察方法来审视三个内角的"量"是否均衡。

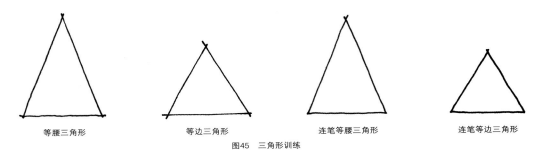

等腰三角形　　　　等边三角形　　　　连笔等腰三角形　　　　连笔等边三角形

图45　三角形训练

多边形——五边形、六边形、五角星形

多边形是梯形和三角形的提升练习，初期从2cm作为边长练起，运线过程中随时用已经画好的边作参照进行比较，开始时要尽量放慢速度，分几笔完成，等到熟练后再尝试一笔完成。在画好的多边形中，先用直线把几个内角连接起来，并检验一下所分割出来的多个三角形是否对称，然后再继续连接直至形成"五角星"或"六角星"形，以进一步检查多边形的均衡关系（如图46~47）。在练习初期，很容易出现整个图形画得扁宽的现象，这是眼睛对等量横纵关系产生的一种错觉，所以在画每一条边线时都要注意，临近边线之间的夹角不要过小。

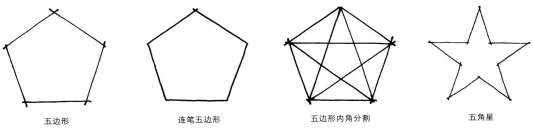

五边形　　　　连笔五边形　　　　五边形内角分割　　　　五角星

图46　五边形训练

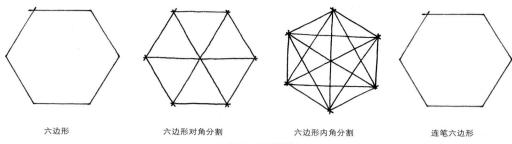

| 六边形 | 六边形对角分割 | 六边形内角分割 | 连笔六边形 |

图47 六边形训练

圆形、椭圆形

图形与椭圆形练习是比较重要的图形练习，因为它在实际画面中的应用范围是非常广泛的。尤其是画椭圆形需要具有比较熟练的弧线运线能力，因此在进行此项练习前，应加强用弧线画梭形的基础训练（如图48）。椭圆练习运笔速度要快，主要依靠手的惯性来带动线条走势，建议起笔点要定在不显眼的位置，如下图所示的"S"点，因为快速运笔很难使起笔点和收笔点准确对接，即便是放慢速度也会有明显的交接痕迹，所以不能追求完美，只要保证整体匀称并且具有圆润的感觉就可以了。检验时，可以在椭圆的中间画一条横线来审视平衡对称关系。需要特别说明的是，一定要把椭圆形画得尽量的"扁"，在前面练习弧线时也曾提到，这是实际表现的需要，千万不可把椭圆形画得过于膨胀圆鼓。

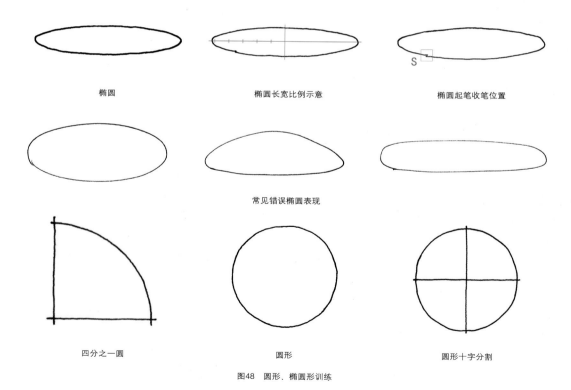

椭圆　　椭圆长宽比例示意　　椭圆起笔收笔位置

常见错误椭圆表现

四分之一圆　　圆形　　圆形十字分割

图48 圆形、椭圆形训练

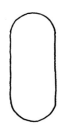

图49 胶囊形训练

胶囊形

胶囊形是个特殊图形，它是把直线与弧线融为一体，并以一笔完成的（如图49）。这个练习不但能锻炼视觉的均衡能力，更主要的是能训练直线与弧线之间用笔过渡的惯性。因为在实际教学中我们看到学习者在快速切换直线与弧线时有普遍的障碍，难以顺畅交替与融合，所以特别提出了这项训练。在练习时应注意直线与弧线的过渡点不要出现折角，要尽可能的圆润，并且不要忘记平行观察与对应观察的配合。

以上练习除圆形、椭圆形和胶囊形之外，其他图形都建议用分笔和连笔两种形式进行练习。分笔时线与线的搭接都应有明显的交叉，以展现出用笔放松不拘的效果，这是手绘表现的专业美感，要有意识地养成这种表现习惯。

图形训练的主要目的是提高"手眼配合"能力，同时使画线从单项训练向组合训练推进，但最重要的还在于掌握与巩固观察的方法。此外，在练习中图形的大小不要过于随意，对练习的尺寸应该有一定的计划。除以上建议的图形训练之外，学习者还可以根据自己的进展程度自行制定更多图形，不断提高画线组合的熟练度。

7 特殊线形训练

直线和弧线是构成多种画面形体的基本要素，在这两者的练习基础上，我们还附带了一些特殊形态线的练习，以满足景观与建筑手绘表现中更为广泛的需要。这些特殊线形也是笔法基础练习中的重要环节，主要是针对今后配景表现特别是植物配景所涉及到的一些典型轮廓线形进行的笔法训练，需要提前了解并掌握。

齿轮线

齿轮线是用于绘制植物的外形轮廓的线形。齿轮线初步练习时速度很慢，且几乎没有弧线成分，实际上是众多多边形的连续组合，在练习时需要有一定的控制力，使线的运动轨迹有机械性的感觉，线条略带"僵硬"感。虽然这种线被称作齿轮线，但实际上凸起的"齿"并不是规则的，而是形态大小各异的多边形，总体上体现较硬的笔法效果。齿轮线练习带有比较强的随意性，用笔灵活多变，线条的走势也应该是蜿蜒曲折，变化无常，体现有节奏的轮廓美感，而不能按照固定的模式或走势练习。此外，画线时要适当增加手的力度，不要"发飘"，注意避免因松动或求快而使线条出现圆滑的曲线效果，这是最容易出现的错误。

齿轮线主要用于普通树冠外轮廓的表现，它的笔法难点是达到不规则的、自然的效果，建议大家在初期练习时参照范例进行，放慢速度，用心体会节奏感（如图50）。

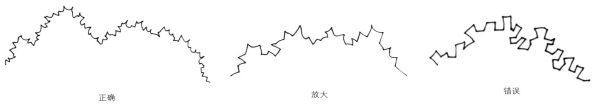

正确   放大   错误

图50 齿轮线

锯齿线

锯齿线是弧线的密集组合，形似锯齿，在手绘实践中，也是植物轮廓表现的主要线形之一。练习时要注意笔尖基本保持同向运动，手随着线的走势轻微平移，以画出长短大小不一的锯齿。运线讲求自由的进退效果，齿尖微翘，要特别注意避免锯齿均衡呆板的现象，锯齿线的方向不是固定的，需进行多方向的尝试（如图51）。

正确　　　　　　　　　　放大　　　　　　　　　　错误

图51　锯齿线

爆炸线

爆炸线与锯齿线的局部特征有些相似，但它的画线速度更快，整体轮廓呈放射状，像爆炸的火光。

爆炸线的自由度较大，是快速表现中常用的笔法之一，也同样强调不规则的动感和节奏效果，让每个尖的大小和长短都有差异，切不可均匀。在快速运线中主要依靠手腕的运动，由于速度快而出现的"套索"现象是难以避免的，但随着练习熟练度的提升，就可逐步减少并杜绝这种现象（如图52）。

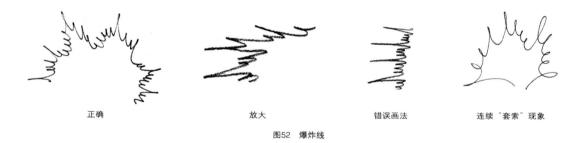

正确　　　　　　　放大　　　　　　错误画法　　　　连续"套索"现象

图52　爆炸线

水花线

水花线是以曲线练习为基础的一种线形，通过自由连贯的曲线画出像水花喷溅一样的动态效果，常用于水景和植物等轮廓表现。在练习初期要保持平稳、略微放慢速度，随着熟练度的增加逐步加快，特别要注意的就是运线的连贯性和圆润感，同时也要避免"水花"的均匀（如图53）。

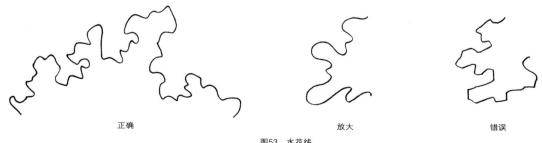

正确　　　　　　　　　　放大　　　　　　　　　　错误

图53　水花线

图54 波浪线

波浪线

波浪线是曲线练习的一种延伸，主要是针对铅笔的训练，同时也能训练眼睛的水平观察能力。波浪线的画线要领是随着"波浪"的起伏不断地变化压笔力度，进而画出有轻重交替变化和虚实效果的线条，从中体会铅笔特有的用笔质感和肌理效果（如图54）。波浪线虽然形似波浪，但它仅仅是一种笔法练习，并非实际用于水的表现。

骨牌线

骨牌线放大

图55 骨牌线

骨牌线

骨牌线是由大量短线排列形成的线组，形态很像连续倒下的骨牌，主要用于表现草地的质感。训练要领是保持短线条的紧密性，虽不是规律的平行关系，但整体方向要保持统一，同时还应注意线条的长短要有差异，使其呈现出参差不齐的节奏效果。在练习过程中，运线速度要快，但尽量不要连笔（如图55）。

我们在以上几种特殊线形的讲述中都提到了关于"不规则"的"节奏"问题，因为特殊线形的训练已经涉及到了画面内容中一些具体轮廓形态的表现，特别是以上几种线形，都很容易出现"同频率运线"的现象，也就是画着画着就出现"均匀""均等"的趋势。这往往是下意识的，应特别注意纠正，因为这将对今后实际画面效果的生动感和表现力有着很大的影响。

正确（单线）　　　　　正确（双线）

错误

图56 枝杈线

枝杈线

这是专门为今后画树木枝杈而进行的线形练习，由方向不同的连续弧线组成，虽然线形与实际枝杈有一定差异，但形态近似枝杈生长的特征。在练习中要适当提高运线的速度和力度，以确保线形的韧性效果，此外还可以以双线形式进行练习（如图56）。

倒影线

水面倒影就是通过这种线形练习的，很多学习者在画倒影的时候十分概念和草率，不注意倒影的规律和动感变化，建议按照图示认真练习，注意线形左右错动的变化和动态特征（如图57）。

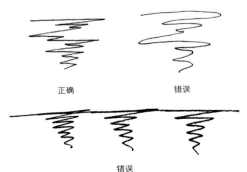

正确　　　　　　错误

错误

图57 倒影线

　　通过上述练习，我们发现这些线的名称都是很形象化的，其实它们就是由直线和弧线构成的各种线组形态。特殊线形训练是体验并逐步提升笔法技巧和手绘感觉的前奏，这些练习可以帮助我们提高徒手画线的能力，进而增强熟练度和适应性，为今后的配景（特别是植物配景）学习和表现打基础，是不可忽视的训练环节。在练习时不要生硬地模仿，而是要用心体会和掌握笔法特征，特别要注意运线的节奏变化，还要注意一些线形的连贯性和走势。

作业

1. 对点练习

　　（1）从A4纸的某一边中点起笔，要求快速运线，依次连接邻边的中点，以此类推，完成一个标准的菱形图形，且不要将中心点事先标明（如图58）。在初期训练时由于运笔速度快，可能会出现弧线效果，因此可以适当缩小纸面来进行练习，而后再逐步扩大。

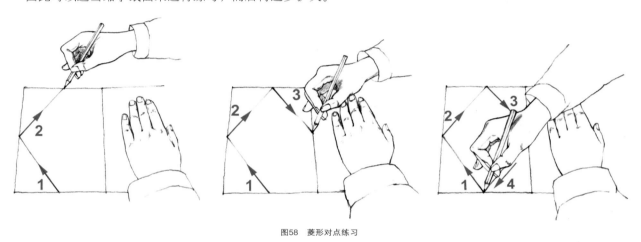

图58　菱形对点练习

　　（2）在纸上随意点上若干点，而后将任意两个点进行直线连接，从距离较近的点开始，逐渐加大连接距离，要快速运线，尽量让每条线的起点和终点都能落在目标点上（如图59）。对点训练是一个十分重要的基础练习方法，对脱尺快速绘制透视表现有很大帮助。

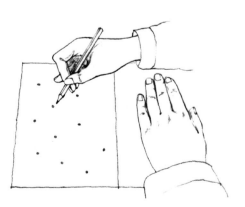
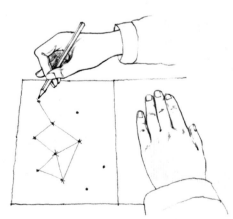

图59　对点连线练习

2. 信纸训练

　　在A4纸上绘制间距为0.5cm的水平直线，直至将纸面画满后再绘制垂直线（如图60~61）。要求速度平稳，且每条直线在绘制过程中不要中断。

　　这是一种经典的直线练习方法，通过连续绘制直线，能有效地训练运笔的平稳性、耐力及平行观察能力。在训练中要特别注意不要使用相邻的线做参照，而是要尽可能地用最大距离的线，目的是训练提升纵向视域范围。这项训练切不可求快，应采用慢线画法，每画满一张纸可能需要很长时间，但训练效果非常明显，应坚持集中训练一段时间。

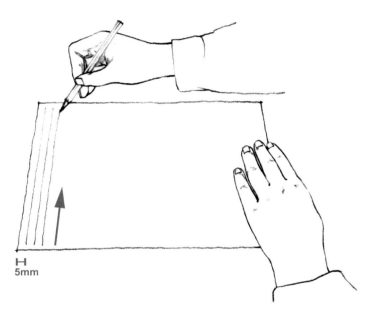

图60　信纸训练

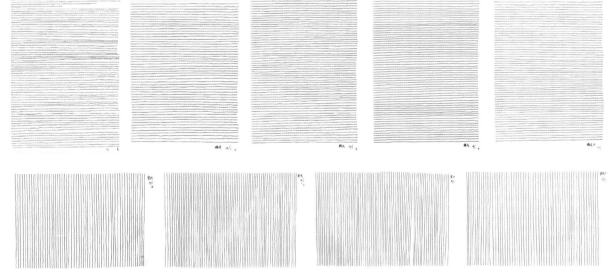

图61　学生练习实例

3．均衡分割练习

先绘制出一个3cm×10cm的长方形，再将四个1cm的正方形均衡地摆放在其中，要求不做任何辅助线（如图62）。这是针对分割观察的训练，练习中应依照分割观察的要领，由中心向两侧通过视觉判定位置，不要从某一方向顺序绘制。

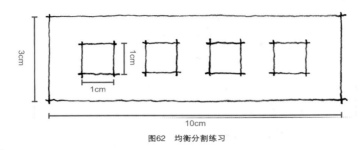

图62　均衡分割练习

4．多向运线练习

多向运线练习是一种必不可少的徒手画线基础练习方式，目的在于训练手的各方向运线能力，可自行制定各种形式（如图63）。

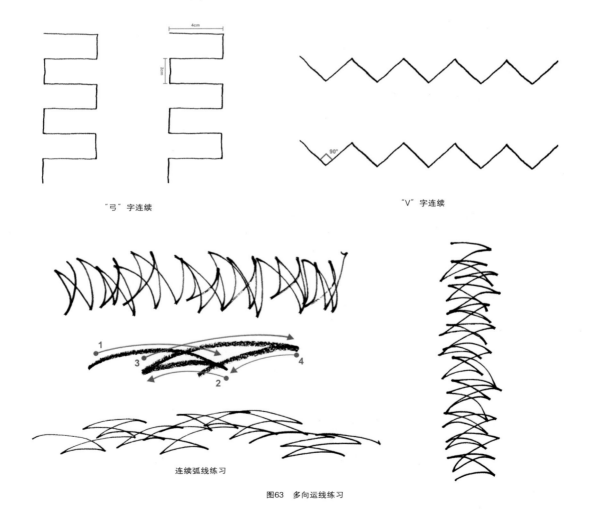

"弓"字连续　　　　　　　　　　　　　　　"V"字连续

连续弧线练习

图63　多向运线练习

第2章 黑白表现

有很多人认为手绘表现一定是着色的，不着色就不能算是正规的手绘表现，这种把手绘当作效果图的惯性认识是十分片面的，但却很普遍。手绘表现的形式多种多样，黑白表现就是最基本也是最常用的形式（草图）。实际上黑白表现是一套系统的、综合的手绘训练和表现技法，是手绘的本质基础和根本表现形式，具有独特的魅力和内涵，占据了手绘应用的很大比重。

我们在这里主要从两个方面来谈谈黑白手绘表现技法与风格形式。

1 高级画线技法训练

在前面我们已经介绍过了一些用笔与画线练习的基本方法，但并没有做出比较明确和细致的区分。在黑白表现中，绘图笔与铅笔是常用的工具，二者的笔芯材料不同，各有其独特的用笔技法，在表现形式和风格也迥然不同，画面效果各具特色。在这一章里我们要谈的不再是基础理论，而是关于这两种工具更为具体的技法要领。

铅笔深入技法

在大多数人心目中仍然认为铅笔只是绘画的专用工具，国内的设计师很少用铅笔进行正规的手绘表现，因此这类手绘表现作品也并不多见，甚至有人认为铅笔表现不能算是正规的手绘表现。事实上，在手绘领域中，铅笔占有非常重要的地位，较绘图笔而言，铅笔更加富于变化，更具质感和表现力。

转笔技法

铅笔的笔芯是由石墨和粘土合成，石墨成分比例越大，铅芯越软，笔痕越浓重；粘土成分比例越大，铅芯越硬，画出来的线也就越轻。我们经常使用的一些型号，如2B铅笔，画不了几笔就会有明显的磨损而出现斜面（如图1）。转笔技法就是利用这个磨损的斜面来表现松软粗犷的质感效果的，在运笔过程中，力度减弱，再轻微转动笔身，如下图所示，用笔头磨损的棱角着纸，随之增加力度，使线条由粗变细，由松软转为略硬的效果，这个轻微的动作是在运笔过程之中使用的，是铅笔表现的重要技巧（如图1），在实际表现中被普遍应用。

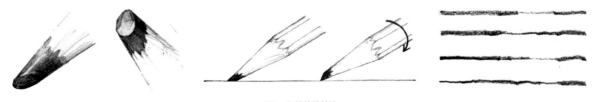

图1 铅笔转笔技法

拖笔技法

拖笔不是连笔画，是让铅笔的笔头在纸面上"游荡"，与纸面若即若离，保持平滑的运行轨迹，这些滑动的轨迹是非常轻微的，能体现出铅笔自如流畅、虚实缓急的效果特征（如图2），这种技法更适合于草图形式的快速表现。要想达到自信且放松地使用铅笔进行表现的程度的话，常画一些草图也是一种非常有效的锻炼方式（如图3）。

图2　拖笔技法实例

图3　铅笔快速表现

铅笔画线要领

铅笔在手绘表现中并不追求细致入微，而讲求的是概括性甚至是粗犷的效果，这种粗犷并不是指线条的粗细，它所体现的是一种松软的效果，从实质上讲是铅笔对纸张细微质地的体现；这中间还要适当配合一些细致的成分，如"粗"与"细"的相互衬托、相互结合、相互变换，这是铅笔的核心技法，与绘图笔表现有着本质区别，也是它具有绘画表现力的根本所在。我们在手绘表现中一般选用2B或更软的铅芯型号，如4B、6B，注意不要把铅笔削得很尖，那样会使铅笔失去粗犷松软的质感效果。

铅笔排线表现首先注重"柔中带刚"的效果，不是轻柔的用笔，是在力度上松紧交替，即便是画一根线条，也不能自始至终以均衡的力度一贯而下，而是不断"制造"线条的变化，在运笔过程中时而用力，时而放松，线条也会随之虚实相济、软中带硬。

铅笔表现不宜过分强调硬度与速度，而是追求流畅自如的笔法，软硬结合才是它的本质特征，不是刻意追求直线或曲线的形式，从这点上说，铅笔的表达实际上比绘图笔更加细致和深入。

排线要领

铅笔除画线外，更多的质感魅力来自于排线。铅笔排线主要用于表现形体的暗部，也就是光影效果，不需要像标准素描绘画那样细致、全面，而是强调概括性的"简易素描"形式，使画面具有一定的真实感和绘画感。排线要领首先是强调线条的密集和均衡，应尽量"成组"，不可过于松散；其次是尽量保持排线方向的统一性；第三要特别注意排线的"边界处理"，这个"边界"指的往往是形体的明暗交界部位，要"收"得尽量干净、整齐，不要出现明显超出边界的"毛刺"，或画不到位，这项要领是非常重要的。此外，还要像画单独线条一样注重轻重变化，即使是在一组排线内也要有适当的深浅过渡的变化（如图4）。

结合上面所讲，铅笔技法的核心是粗细、轻重、软硬相结合、相切换的关系，想要自如灵活地应用，熟练地掌握用笔技巧，就要勤于练习。大家不妨采用渐进的方式进行尝试，先去感受一下铅笔松软的质地，再试一试轻重力度的变化，仔细体会手感，或许会对铅笔有个全新的认识。

图4 铅笔排线实例

绘图笔深入技法

我们在前面的章节中已经讲述了一些关于绘图笔画线训练的要领，特别是快线画法，在实际画面表现中，绘图笔的"快"和"硬"是它最典型的"性格"体现，这两个特征是相辅相成的。简言之，速度体现硬度，硬度反映速度，这是它的主要技法要领，也是设计方案手绘表现不同于专业绘画的区别之处。这种效果不是凭借加大用笔力度实现的，恰恰相反，是用相对轻微的力度达到的，因为力度的增加会加大运线的阻力。此外，线条的交叉、出头和明确的起笔收笔也是绘图笔重要的技法形式。

角度控制

初学者经常认为自己画不出纤细的线条，是由于笔头过粗导致的，造成画面不精致，其实这是误区。绘图笔的线条不是越细越好，只有粗细不同才能体现不同的特色，富于变化的线条才能使画面效果丰满耐看。而且，画细线并不完全取决于笔头的粗细程度，主要在于用笔的技巧方法和熟练程度，用粗笔头同样能画出很细的线。

正常的执笔角度能够体现出绘图笔型号粗细的差别，而采用"压笔"方式（如图5），即使用型号较粗的笔也能画出很细的线。这里的秘诀就在于笔头的着纸角度，大致控制在30°左右，让包着笔头的金属管与笔头的侧锋同时着纸运线，就能产生纤细的效果，往往会呈现出由一串"点"连成的"连珠线"，甚至极致纤细。

重复描线

在快速表现中，画面内容全部采用单线会显得十分单薄，缺乏表现力，所以往往将一些线刻意描绘为双线，以加强线形的粗细反差，从而体现出画面的节奏感和厚重感，这就是重复描线技法，是绘图笔快线画法中的常用技法（如图6～7）。需要注意的是，重复描线并非随意，要有一定的针对性，一般多出现在形体的转折处、暗部边线及底部边线，而受光部分的边线则保持单线。

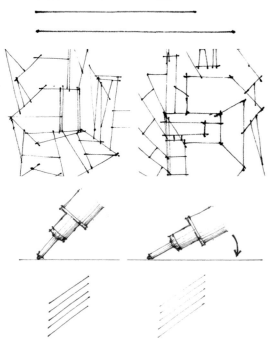

图5 "压笔"控制线条粗细

图6 重复描线实例

图7 重复描线实例

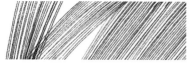

图8 排线

图9 组块

图10 编织与多层重叠

图11 尽量避免"倒勾"的现象

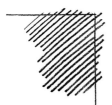

正常的"出头"

避免出现不顶头的现象

图12 边缘处理

绘图笔排线要领

排线是绘画的基本功之一，应用于在传统手绘中被称为"钢笔素描"的表现形式，排线虽然不属于快速表现基本功范畴，但它却是较为高级的手绘表现技法，是高层次的黑白表现形式。

绘图笔排线与铅笔排线在手法和效果上都有不同的规则：

· 绘图笔排线要保持"快"和"硬"的基本特征，要求速度更快，起笔收笔同样要明确清晰，使用的线形主要是直线，但可以略带弧度（如图8）。

· 绘图笔笔头较细，所以对排线密度的要求也比较高，一般的线条间距不超过1mm，同时还要尽可能地保持均等的序列感。排线长度不宜过短，特别是在练习期间，建议把长度设定在3cm～6cm之间，而后还可以逐渐加长。

· 排线的方向不是固定的，对各种走向都应该熟练掌握，从画面普通需求上讲，纵向的排线练习是重点。

· 排线很讲求"组块"，即若干线条排成一组，形成一个大致的长方形，目的是防止线条散乱无章。特别是在练习阶段，这种组块可以有效地防止排线的一些常见弊病，如参差不齐、长短不一等（如图9）。

· 在"组块"的基础上，还要进行"编织"效果的搭配和拼接，这是手绘排线的特殊表现形式。这种"组块"的拼接是比较自由的，只需对直角关系稍加回避就可以了。需要注意的是，由于排线速度较快，"组块"的交界和对接部分不可能做到十分精确，但是宁可出现少量的交叉，也不能出现空隙，这是对排线的一个非常重要和正式的要求（如图10）。

· 根据表现中的实际情况，有时为了区分基本的黑、白、灰关系，还需要进行一定的组块叠加。叠加的时候一定要注意线条之间的方向交错关系，不要出现邻近"组块"间相同走向的重叠。

· 此外，排线时由于速度很快，经常会出现"倒勾"的问题（如图11），特别是在初期练习时，这是很难避免的，属于比较正常的现象。可以通过略微放慢速度来尽量加以控制，但如果放任不拘，形成习惯后就不易纠正了，对画面整体效果会有影响。

· 对形体进行填充的训练方式使排线练习更贴近于实际表现的需要，但在填充的同时要注意区分色阶。在初期练习时有"出边"现象也是正常的。特别需要注意的是，边缘处宁可出头，也切不可出现"不顶头"的情况，这与我们在前面曾经重点强调过的空隙问题是一致的（如图12）。

作为手绘的一种高级技法，排线练习是有一定难度的，对速度、密度、尺度、组块及交错的叠加覆盖等方面都要根据上面所讲的特点和要求进行逐步训练，建议大家按照示例中的方式有章法地进行练习。

粗细线搭配

在实际手绘表现中，对于画线技法的选择不是由使用工具和表现题材内容决定的，而是由绘画者根据自己的绘画习惯来选择。初学者往往会先掌握一种工具或技法，并习惯性地应用于各种内容的表现，经过一段时间的熟悉之后，掌握多种工具和方法并能做到自如应用是最好的。

在实际应用中，线条的粗细都不是单一存在的，应相互配合，搭配使用，但普遍的基本规律是细线多、粗线少，如右图所示。

粗线（双头笔的粗头为宜）多用于勾勒形体的暗部、底部和轮廓线，这与上面提到的重复描线的原理是一样的，可提升画面的厚重感和立体层次感，显现手绘的效果特征（如图13~14）。对此，绘画者可根据个人习惯，针对不同内容来使用，逐渐形成个人风格。

图13 粗细线搭配实例

图14 双头笔表现实例

作业

1．填充排线练习

徒手绘制边长4cm的正方形，在内部进行单层排线练习，通过执笔角度和运笔速度的控制，来表现出不同的深浅明度关系，或进行多层排线练习，通过线条的交错叠加，来表现出不同的深浅明度关系（如图15）。

单层排线练习　　　　　　　　　　　　　　　　　　　　多层重叠排线练习

图15　填充排线练习

2．投影快速表现练习

自定光源，分别使用铅笔、绘图笔来表现物体的黑、白、灰色调关系（如图16）。

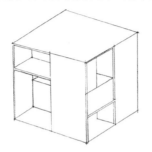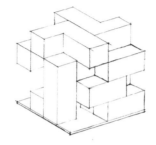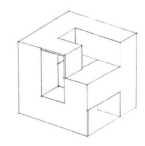

图16　投影快速表现练习

3．作品局部临摹

使用绘图笔选取局部进行临摹练习（如图17）。

图17　临摹绘图笔素描实例

2 黑白线稿风格与形式

作为手绘本质体现，黑白表现的风格形式是多种多样的，旨在根据设计类型、内容和需求采用不同的工具和技法表达出不同的场景效果，当然，这主要还是出自于表现者的个性。

草图表现

草图是设计师表达设计理念和设计过程的最直接的方式之一，是设计过程中最基本的环节。在实际工作中，设计师常需要绘制方案设计的平面和立面草图，还有空间场景效果，我们这里所说的草图就是指这种快速的空间场景表现形式。草图比快速表现更为概括，甚至造型轮廓也不是十分明确，主要目的在于描述大体的设计内容和气氛。

铅笔和绘图笔都可以进行这种草图的表现，并以它们各自的技法展现不同的效果，但是概括简洁的表现手法是它们一致的视觉美感所在（如图18～20）。

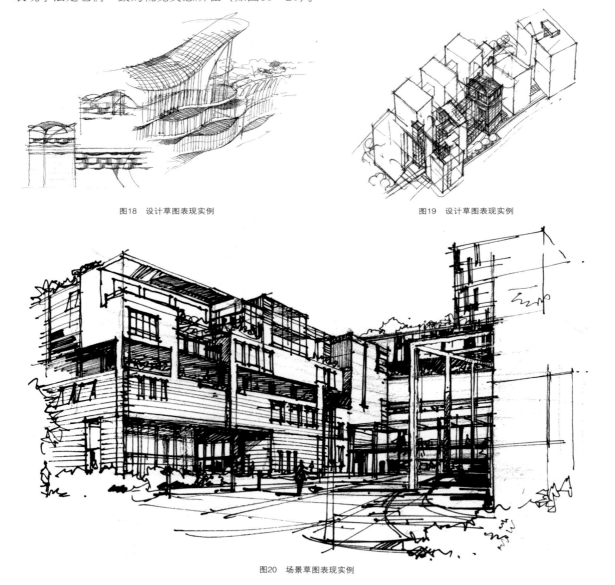

图18 设计草图表现实例   图19 设计草图表现实例

图20 场景草图表现实例

　　草图表现重在概括，强调体现设计内容的基本形态、空间场景及画面布局的总体特征。草图表现大多使用绘图笔，运线速度非常快，但不需要刻意体现线条的硬度效果，而是要将慢线的性格特征融入其中，使线条更加单纯、随意而洒脱。在绘制草图时，重点是描绘画面核心或主题内容，将形体特点或画面的基本格局表达出来即可，不需要刻画细节。可以采用重复描线、排线的方法（如图21），或用双头笔的粗笔头来进行最概括的光影表达（如图22）。

图21　场景草图表现实例

图22　场景草图表现实例

快速表现

快速表现是比草图更进一步的表现形式，它虽然比草图表现更明确、更清晰、更细致也更完整，但它也同样不追求细致入微和工整严谨的画风，也同样强调简洁、概括、洒脱的效果，很讲究用笔的速度和力度。快速表现的手法非常多，以线描形式为主，在工具使用上也很自由，铅笔和绘图笔各有优势，但仍是以绘图笔的表现效果更为突出。

绘图笔快速表现画线要领

绘图笔最适合体现快线的风格魅力，用绘图笔进行快速表现不能像草图那样过于概括和随意，对形体的勾画应该相对明确，力求比较清晰地表达形态及空间关系，所以，画面中线条特征和组织尤为重要（如图23）。

图23　绘图笔快速表现实例

快速表现强调运线的硬度和交叉效果，所占比重略大，放松而不杂乱，明确而不僵硬。特别注意不要随意省略建筑形体、门窗、材质分割线、装饰线与地面铺装分格等人工线条，这些相对序列、密集的线条非常有利于丰富画面的质感和效果，体现快速表现的风格。此外，也可以用排线的方式添加少量光影，使形体关系更加明确（如图24）。

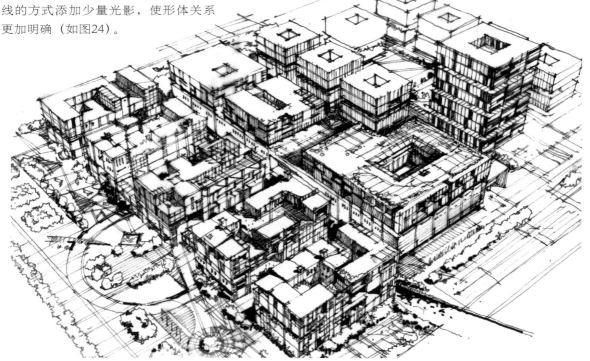

图24　绘图笔快速表现实例

铅笔快速表现画线要领

　　铅笔快速表现往往采用慢线为主、适当融入快线的方式，主旨在于体现平稳、放松的画面效果，比较注重体现铅笔自身松软的特质和轻重顿挫的变化，不强调有明显的风格倾向。铅笔快速表现的要领首先是借助铅笔自身的特性，对画面的大空间层次进行深浅区分，近景稍重，远景略浅；其次是线条稍带圆润，体现轻重差异，不要过于刻意强调线头的交叉。此外，对画面主体部分可以适当添加少量的光影，并对形体的底部边线做加重处理（如图25～26）。

图25　铅笔笔快速表现实例

图26　铅笔笔快速表现实例

素描表现

素描表现是手绘快速表现的高级手法，是将素描的特征用快速而概括的笔法表现出来，进而构成有较明确效果的画面。素描表现也分为不同的风格种类，但总体的画面特征均带有较明显的绘画效果。用笔风格不论"松"或"紧"，都首先讲求对画面黑白关系的调配，着重表现大的光影效果，特别是对投影的描述，但不过分追求细节。实际上，与纯绘画相比，素描表现简化了黑白灰关系中"灰"的层级，更加突出黑白对比，线在画面中的作用仍占主导，所以它并不是标准的素描表现，对于有绘画基础和经验的学习者来说，素描表现是既快速又易于体现手绘效果的表现方式。

铅笔素描表现

铅笔的素描表现形式更近似于绘画，但不像绘画表现那样具有明确的虚实对比关系，也不追求真实的光影效果，而是注重通过概括的光影示意来调整画面的主次节奏关系和景深效果，遵循"近景重远景浅"的规律，另外还要注重地面投影的表现。铅笔素描表现应充分体现铅笔线条和排线的效果特征，笔法应尽量放松，拖笔痕迹明显（如图27～28）。

图27　铅笔素描表现实例

图28　铅笔素描表现实例

绘图笔素描表现

　　绘图笔素描就是通常被称为"钢笔素描"的表现形式，其表现特征主要是排线效果，这种素描形式近似于传统建筑绘画表现，但与之相比略微概括一些。绘图笔素描表现通过细腻的排线体现黑白对比关系，增强画面的视觉冲击，画面看似丰富、细致，实际上并非面面俱到，而是侧重刻画主体内容，及有利于突出主体效果和构造感的形体部分，特别是边角、体面交界转折和外轮廓等部分。绘图笔素描表现很强调明暗的过渡效果，即使在同一个体面上也要画出深浅过渡变化，这对排线能力要求较高，所以运用这种画风必须练习好前面的绘图笔深入技法（如图29～32）。

图29　绘图笔素描表现实例　　　　　　　　　　　图30　绘图笔素描表现实例

图31 绘图笔素描表现实例

图32 绘图笔素描表现实例

淡墨快速表现

这是源自于建筑绘画的淡墨渲染的一种简化表现形式，视觉效果非常突出且比较实用，主要是用淡墨（也可以使用水彩颜料）对画面中大的黑白体块和空间层次进行划分，拉开对比，构成具有比较明确的素描关系的画面。这种表现形式自由放松，对笔触没有特殊要求，一般是先使用板刷或大号毛笔进行淡墨铺垫，随后对形体关系进行塑造和加强，为了衬托主体，对边角部位和形体交界与转折部位要着重处理。在这个过程中可以省略很多"灰"的层次，使画面的层次关系更加简明扼要，最后还可以用白色（广告色或涂改液等）做边缘修正，进行点缀加工，以增强手绘质感和表现力（如图33～34）。

图33 淡墨快速表现实例

图34 淡墨快速表现实例

效果图线稿

这是专门针对手绘效果图表现的线稿形式，与前面几种线稿相比，它的风格特征是清新、细致、严谨且更加丰富，注重的是将方案内容明确、清楚地表述出来，不能模棱两可。绘制效果图线稿的基本程序是先画铅笔草稿，经过修改调整后，再用绘图笔进行细致的勾勒，进而形成正式的"成品"线稿。这个过程需要对画面中线的疏密组织和分布有一定的计划，这种线稿的时间成本较高，对透视、构图的要求也很高，但其温和、中性的线稿适合多种着色表现形式（如图35～36）。

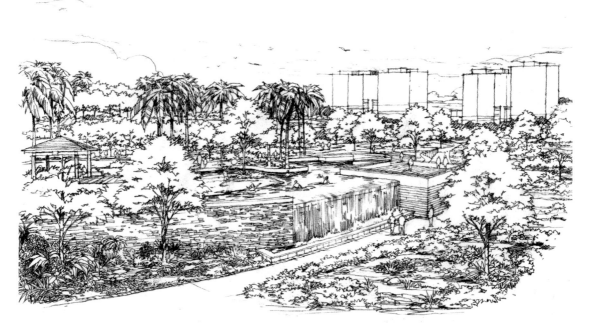

图35　效果图线稿实例

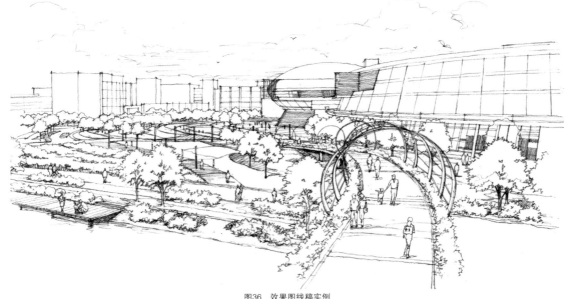

图36　效果图线稿实例

绘图笔效果图线稿特征

　　在使用绘图笔勾描时，运线要平稳、流畅，不过分强调风格特征，而且一般也不画光影效果，可用双头笔的粗笔头对投影和收边进行适当点缀。这种线稿形式本身就是一幅独立的手绘黑白表现作品，在画面中对线的组织分布要有疏密的考虑，为着色保留余地（如图37~38）。

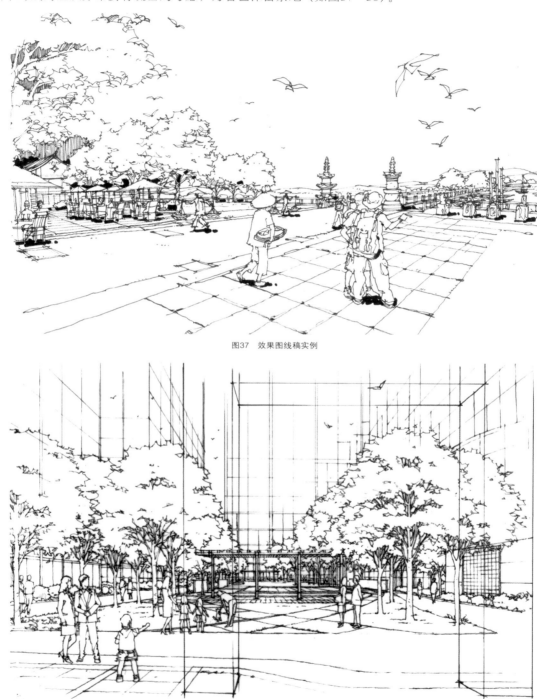

图37　效果图线稿实例

图38　效果图线稿实例

自动铅笔效果图线稿特征

使用自动铅笔绘制的线稿比较细腻，笔触比普通铅笔更肯定，画面清晰自然，且强调完整、全面的描绘，同时也比较注重空间层次的虚实效果表现，与绘图笔线稿相比，自动铅笔线稿画面更加丰富、写实（如图39～40）。

图39　自动铅笔效果图线稿实例

图40　自动铅笔效果图线稿实例

数位板手绘线稿

近年来，使用数位板或手绘屏进行绘图的应用创作已经非常普遍，它可以模拟各种类型的笔在纸上画画的效果，现在随着硬件技术的快速提升和更新，这种"电脑手绘"的流畅度和扩展性也越来越高，它是设计师在方案设计阶段的一种比较实用、高效的选择。事实上，借助计算机来完成黑白线稿是非常惬意的体验，它摒除了手绘的诸多弊端，能够保持画面的整洁，通过建立图层，便于轻松修改，更可以保存为电子图片文件，便于快速传输和各种形式的编辑，非常适合当下高效的网络工作环境需求（如图41～42）。

图41 电脑手绘线稿表现实例

图42 电脑手绘线稿表现实例

学习黑白表现，并不一定要掌握各种手法和风格形式，重点在于理解黑、白、灰的大体层次关系，并能做到自由地应用。黑白表现并不是传统的、严谨的素描，也不是精致细腻的线描，主要强调的还是快速和概括的表达，应该以放松的心态去选择适合自己的表现方式，但前提是黑白表现的各种技法练习都是非常必要的，不能回避，建议大家要坚持不懈地进行训练。

3 黑白表现训练方法

通过常年教学实践验证，拓图是最好的练习方法。这种方式有助于多种黑白表现形式的尝试，并能提高用笔技法的熟练度，增强对素描关系与效果的认识和把握，还可以锻炼画面控制能力，使基础比较薄弱的学习者能够快速进入状态。在练习过程中，逐渐将各种形态转换为形象记忆，进入空间场景的角色之中，这可以说是手绘学习的一条"捷径"。

初级拓图训练

拓图训练的工具选用绘图笔和硫酸纸，纸张幅面不宜过大，A4即可。将硫酸纸覆盖在手绘线稿上，不借助尺规，徒手勾画线条，将线稿内容完整表现出来。

需要注意的是：这种初级拓图训练不是简单的"复制"或"描图"，无论是从工具还是表现技法方面而言，都不可能完全再现手绘原稿的内容与特点，而仅仅是借助原稿的内容来进行描绘训练；拓图练习通常需要1~2小时，在这个过程中一定要经常掀起硫酸纸反复参看原稿，切不能以被动"完成任务"或急躁的心态"一气呵成"，这样是无法达到训练目的的；对于原稿内容中不甚清楚的地方，完全可以根据个人理解进行自由、自主地表达，适当发挥，不必完全遵循原稿。

初级拓图训练是一个潜移默化的适应和培养过程，最需要的是平稳和耐心，特别要注意对原稿笔法的模仿（如图43）。

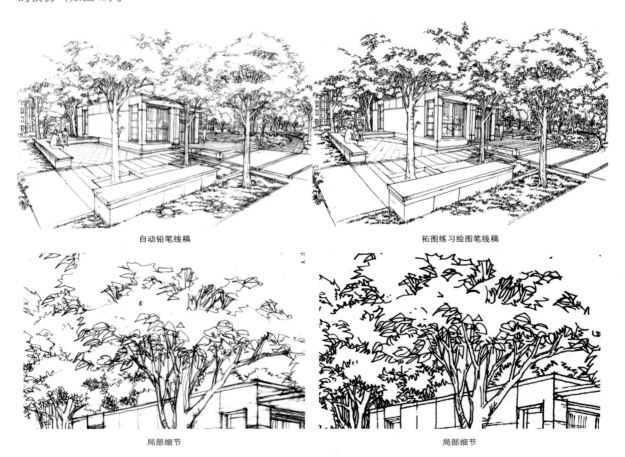

自动铅笔线稿　　　　　　　　　　　　拓图练习绘图笔线稿

局部细节　　　　　　　　　　　　局部细节

图43　初级拓图训练实例

高级拓图训练

高级拓图训练是勾描实景图片，可以从建筑画册中选择构图较为完整的图片，复印后再进行拓图练习。这样做等于实现对图片的黑白灰关系进行一次"过滤"，从而得到一幅明度对比关系简明的"底稿"，将有助于提高统一概括的表现控制力。

在表现中要敢于用大面积排线的方式处理画面，对各种材质肌理效果都要努力进行表达。练习时还必须要放慢速度，尽力追求细致深入的刻画，此外，还应特别注意形体边缘轮廓，进行肯定的刻画和处理。这种拓图训练是用不同的黑白表现方式进一步适应手绘表现的学习阶段，能够更快更明显地提高技法的熟练度（如图44～46）。

建筑画册选图   拓图练习绘图笔线稿

图44 高级拓图训练实例

图45 拓图练习实例

图46 拓图练习实例

第3章 着色技法

对于一幅完整的手绘表现作品而言，着色是对方案的色彩描述和更加写实的表达，使方案呈现尽量真实的场景效果，也就是广为人知的"效果图"。手绘表现普遍应用的着色工具是彩色铅笔、马克笔和水彩，目前，在国内被普遍关注和使用的是彩色铅笔和马克笔，这两种工具的表现形式感和技巧性都比较强，具有较鲜明的特色；而在国外，则以水彩的着色形式为主流。此外我们还将为大家推荐一种比较特殊的着色工具——透明水色。

1 彩色铅笔

彩色铅笔简称彩铅，是一种非常简便快捷的手绘工具。它色彩齐全，便于携带，能够应用于各种类型画面的表现，技法难度不大，掌握起来比较容易，是设计师常用的手绘表现工具。实际上，彩铅的表现技法看似简单，但并不随意，要遵循一定的章法，才能有效地真正发挥出它的效果和表现力（如图1）。

图1 彩铅不同力度效果对比

增强力度

不知道大家是否注意到，平时看到的很多彩铅表现手绘作品都很浅淡，画面整体效果不怎么艳丽醒目。由于这样的手绘作品很多，就给学习者造成了一个错误的认识——彩铅表现就应该是这样"清淡优雅"的效果。

其实，视觉效果强烈才是彩铅表现的特色和优势，增加力度是彩铅表现的基本要领，这样才能发挥它的长处，也是彩铅与其他着色工具的重要不同之处（如图2）。

彩铅的铅芯与普通铅笔是有差别的，为了充分体现彩铅的色彩，拉开明度（深浅），在使用时就必须适当地加大用笔力度。很多人对此没有概念，总是以使用铅笔那样的惯用力度来使用彩铅，甚至多数情况下是用彩铅在纸上轻"扫"，所以导致画面整体很浅淡无力。画面上如果没有明确的色彩和明度对比，自然会显得平淡。这并不是彩铅工具本身的问题，而是绘画者用笔力度的问题。但在实际表现中，不能盲目地一概论之，而是要根据具体内容和需要进行力度区分，这样才能更好地体现色彩和画面的明度层次关系。

图2 彩铅表现实例

丰富色彩

彩铅所表现的画面效果应该是浪漫、生动、有活力的，要想达到这样的效果除了增加用笔力度之外，重要的是避免着色的单调、平淡，这就是它的第二个重要的技法要领——丰富的色彩处理。手绘表现的色彩处理不像专业绘画训练那样需要进行细致的色彩关系分析和推敲，而是相对粗略概括的表现，但也不是简单地涂满颜色就能获得效果的。对于彩铅来讲，无论怎样改变力度大小，靠单色（固有色）进行涂染做出的效果都会是很呆板无味的，而我们使用彩铅进行表现的主要目的就是要利用它的特性来创造丰富的色彩变化。因此在表现中，可以适当地在大面积的单色里调配其他色彩（附加色），加入的颜色往往是与主要颜色有对比关系的，这样就能使单调的底色得到补充，使画面呈现出绚丽的效果。比如描绘绿色的树冠，不能只用深绿、浅绿、墨绿等绿色系列，而要适量加入一些黄色或橙色。这是一种利用冷暖色彩关系互相衬托的表现方法，非常具有形式感，不仅能使画面的色彩层次丰富、艳丽生动，还能体现轻松、浪漫的气氛和效果（如图3）。所以在初期练习阶段，就应该大胆地加入各种色彩，不断地尝试各种色彩的搭配和调和（如图4）。

图3 彩铅色彩搭配调和示例

图4 彩铅着色实例

由于彩铅的色彩搭配带有较强的自由性，因此不用过分地顾虑搭配的附加色是否符合规律和原则，用略小的力度加入各种色彩都是可以的。当然，加入的附加色数量不可过多，面积也不能太大。我们还是用树冠来做示范。绿色是树冠的固有色，占主要成分，作为搭配而加入的浅黄色和橙色等暖色起到了修饰的作用，特别是浅黄色（用的最多的附加色）的介入，使树冠的受光面表现出被阳光照射的效果，增加了活泼、生动的视觉感受。同时在树冠暗部增加的蓝色（多用于暗部），使树冠的明暗两部分冷暖反差强，这是符合阳光下物体色彩冷暖关系规律的，而画面色彩视觉效果也立即随之提升（如图5）。这张彩铅表现的效果图就是用这种色彩处理技巧完成的典型范例，所以整体画面效果非常绚丽、生动。另外，要注意色彩的主次关系，远景的色彩不适合做过于丰富的处理。

图5 彩铅着色实例

笔触统一

前面说过，彩铅所表现的画面特点是浪漫、生动，其效果往往富于动感和激情，这种效果的产生除依靠力度和色彩变化要领之外，还有一个重要因素就是笔触。

笔触是彩铅表现的第三个重要的技法要领，遵循一定规律就是要领所在，也就是尽量使笔触形式统一。比如从右上至左下方向的排线（左上至右下方向亦可），这是比较常用的、经典的笔触形式，不仅简便易学，而且很有形式美感。统一的笔触可以使画面效果完整和谐，更重要的是利用彩铅作为铅笔的本质使画面产生动感，从而呈现轻松、浪漫的气质。要想发挥这个技法要领并不困难，只需要适当的笔法练习即可，不过需要注意的是，这是针对大面积色彩而言的，一些边角与细节的笔触处理还需要随形体关系进行刻画。此外，笔触形式也可以是各种各样的，完全可以根据个人喜好和习惯进行选择甚至创造（如图6～8）。

麻团线笔触　　　　　三角连续笔触　　　　　点状笔触　　　　　网状编织笔触　　　　　毛绒笔触

图6 彩铅表现的笔触形式

图7　彩铅着色实例

图8　彩铅着色实例

彩色铅笔的底稿

使用彩铅进行表现，所追求的画面效果是浪漫、轻松、绚丽且富于动感的气质，重在体现其形式美感和特征，因此，色彩总体视觉是"附着"在形体表面的。在这种情况下，它的黑白底稿就要求尽量处理得细致完整，如果底稿的描绘就是很简单、概括的，那么富于动感的着色就会更加削弱底稿内容，画面效果就会变得很模糊甚至杂乱。所以，彩铅对于底稿的依赖性很高，底图线稿要画的明确、肯定、清晰，建议使用绘图笔（如图9）。

图9　彩铅着色实例

2 马克笔

马克笔是设计师的常用工具，一直倍受国内设计师的青睐，尤其是在室内设计表现领域，被公认为是最佳的表现形式，并被视为首选。直至今天，马克笔仍然保持着很高的使用频率，很多书籍及网络上的手绘资料与作品基本都是与马克笔的快速表现相关的，而且，马克笔被应用于考研快题的主流趋势也愈加突出。受这种潮流影响，很多手绘学习者已将马克笔表现视为"正宗"的甚至是"惟一"的手绘表现形式。对此种现状我们只能表示遗憾和担忧，希望学习者能从多个角度来客观地看待它。

马克笔之所以受到如此青睐，主要是因为它使用起来快速简单，无需对颜色进行调和，画面效果简洁、帅气，有手绘质感。但是，很少有人考虑其表现手法的"套路"性、雷同性及其对不同方案及场景表现的局限性。实际上，马克笔比较适合的是人工线条比较丰富的画面内容，特别是室内方案设计。如果追溯起来，目前国内应用于景观建筑的马克笔手绘表现技法主要源自于八、九十年代十分盛行的室内效果图手绘技法，但直至今日，这种技法改良非常少，几乎接近于直接套用，以致于表现任何内容的画面结果都非常相似，没有变化。因此，我们希望学习者不要盲目地追随"主流"，而是应该客观地了解马克笔，掌握它的特性和技法要领，在表现中，根据实际情况而有针对性地进行选择。

马克笔的表现效果主要来自于用笔的技巧，我们先来看看马克笔的特性及在用笔方面的技法和要求。

图10 通过调整笔头的着纸角度，来控制线条的粗细变化

持笔角度

马克笔的笔头带有切角，这个形状决定了它的基本笔法模式。使用马克笔要控制握笔角度，笔头全面着纸，画出较宽的线条，这是大家普遍使用的方式，很多学习者认为这是唯一的笔法形式，实际不然。马克笔随持笔角度的变化可以画出粗细不同的线条。将握笔角度逐渐提高，画出来的线条就越来越细，使其产生灵活的应变效果，这是十分重要的用笔技巧。在手绘表现过程中，要随时调整笔头的着纸角度，画线时不断转动笔身，控制线条的宽窄粗细变化，以这种宽窄、粗细不同的变化来满足各种不同的表现需要（如图10）。

运笔力度与速度

马克笔的用笔追求一定的力度，强调快速明确，一笔是一笔，所画出来的每条线都应该有清晰的起笔和收笔痕迹，这样才会显得完整有力。要做到这点，只要在起笔收笔时略微加力就可以了，不需要整体加大用笔力度。用笔的速度也很重要，只有这样才能更好地体现干脆、有力的效果。对于较长的线条也应该尽力一气呵成，不要中间停顿续笔，如左图所示。在练习阶段，这样做可以很快适应马克笔的手感，从而快速进入状态（如图11）。

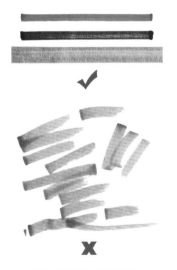

图11 马克笔的基本笔触形式

笔触排列

笔触是马克笔表现效果的最直接体现，讲求一定的章法，也是技法的根本。常用的是排线形式，就是线条的简单平行排列，使笔触构成"面"，在表现形体的同时，为画面建立秩序感，重要的技巧在于处理笔触之间的关系。无论是水性还是油性马克笔，笔触间的相互重叠都会有较明显的痕

迹，有一种排列技巧是特意制造出规则的"压边"痕迹，而另一种则是留出空隙的排列方式——在笔触间刻意留出微量间隙。这两种技巧的目的都在于体现笔触排列的质感和秩序（如图12），在实际表现中一般不单独使用，而是融合到一起配合应用。在笔触的排列中可以偶尔做些轻微的倾斜，让一端出现细长的三角形空隙，而另一端则出现压边效果。无论是做练习还是实际应用，都要注意控制线段的长短及排列的秩序，不能有明显的参差差异，从而造成杂乱无章的效果。

马克笔的笔触排列方向也很重要，在实际操作中，要随造型或透视关系进行排列（如图13），横向与竖向的笔触排列是最常用的，尤其是竖向笔触，比较适合体现画面视觉秩序。另外一个要领是：因为过长的线段不适合体现马克笔紧凑的笔触特征，所以要尽量控制线段的长度，在固定范围内，通常选择较短距离的方向进行笔触排列（如图14）。

马克笔不适合做大面积涂染，适合概括性的表达，而这种概括性的手法也要做一些必要的过渡，但是，柔和的过渡效果也是马克笔不擅长的（在特殊纸张上除外，如硫酸纸），若遇到这种情况，就要依靠笔触的排列来解决。马克笔的过渡除了靠深浅色差对比之外，还要利用折线叠加的笔触形式逐渐拉开间距，降低密度，区分出几个大块色阶关系，以此来概括地反映过渡效果。注意过渡色阶不宜过多，一般只要三、四个层次即可；另外，随着折线空隙的加大，笔触也要越来越细，这种折线是马克笔技法中的常用笔触技法形式，需要不断地调整笔头角度，所以应该多加练习以便熟练掌握（如图15）。

色彩归纳与控制

作为着色工具，马克笔的特点是色彩浓艳、直观，虽然色彩型号很多，但由于它的颜料特性无法进行调和，不能像彩铅那样进行丰富的色彩融合搭配，只能依靠色彩的相互叠加，很难产生丰富、微妙的色彩层次变化，所以在应用中往往侧重表现固有色（如图16），而画面效果和质感多依赖于笔触。明确的说，马克笔着色表现主要画的是明度对比关系，而不是高级的色彩关系和变化，也就是有人评价的"马克笔画的是'深浅'而不是'颜色'"，这种说法其实并不偏激，而是比较客观现实的。

在这里我们首先强调马克笔着色应尽量控制色彩对比关系，多使用中性色彩，尤其是多种型号的灰色，使整个画面保持中性色调，以少量的艳丽色彩进行点缀即可，尽量不使用艳丽和强烈的色彩（如图17）。

"压边"痕迹

留出空隙

图12 马克笔笔触排列方式

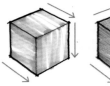

图13 随造型或透视关系排列

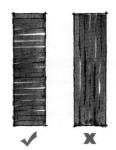

✓   ✗

图14 短边排列

图15 折线过渡效果

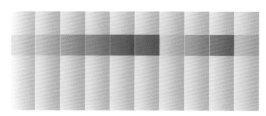

图17 常用中性色彩

图16 侧重表现固有色

由浅入深

马克笔着色要遵循由浅入深的规律，强调先后次序，分层处理。

初步着色以固有色为主，特别是表现种植类的内容，选择较为中性的绿色，铺装也要用较中性的暖灰色作底色；第二步是在底色基础上逐步添加层次，这遍的色彩仍然是固有色，比第一遍所选的颜色深一级，但是覆盖面积不能大过第一层；第三步是用较重的颜色对形体的暗部和光影部分进行点状或小面积的描绘，同时对边角进行收整处理，这个步骤的画面占有率最低，已经不是"面"的涂染，而是以点状和线状的笔法对"面"进行修饰和调整，以进一步拉开画面的明度对比关系。按照这三个步骤操作即可有效地完成一张马克笔快速着色表现。

初学者可先进行单色着色练习（如图18），理解并体会分层着色的步骤和原理，这种单色着色方法有利于学习者关注于画面整体的效果表达，同时增进对马克笔的体会和感受。

图18　马克笔着色由浅入深分层表现示意

注重省略（留白）

马克笔着色画面讲求精炼、概括，绝不是面面俱到，所以着色主要针对画面中心的主体内容，而省略靠近画面边缘的内容或对其进行更加简略的处理，因此马克笔着色的画面往往呈现由中心向四周扩散并逐渐消失的效果，整个画面的着色覆盖量大概在七、八成左右，这样不仅回避了马克笔不适合大面积着色的弱项，也发挥出了它简洁明快的特色画风（如图19～20）。

按照这个要领，在以建筑为主体的表现中并不需要对建筑整体进行全面着色，而是要让笔触由下至上逐渐消失，使建筑的上部着色基本省略，从而形成"头轻脚重"的效果，在这个过程中需要采用前面所提到的折线过渡笔法。

对于马克笔着色的省略（留白），很多学习者在实际表现中不得要领。

一种情况是越画越满，总觉得画得不够"细"，不由自主地就将空白处都填上了颜色。这是因为没有建立分层着色，拉开和明度对比关系的意识，在处理第一遍底色时，就要限定一个画面主体内容的范围，制定一个计划，才能有效地把控整体着色覆盖量，逐渐形成"省略"的意识和画面控制力。

另一种情况是着色部位过于分散，不够集中，没有形成由中心向外围扩展的着色布局和动势，画面效果散乱无章。为了纠正这个问题，除需要有意识地制定主体内容着色范围的计划外，还可以养成从画面中心开始着色的习惯，一般以视平线为轴横向推层着色，尽量控制纵向着色的扩展，画面便会呈现出较明显的横向展开效果，这是一种适合多数画面的有效且保险的方法。

图19　马克笔着色实例

图20　马克笔着色实例

从以上列举的技法特征可以看出，马克笔既有优点也有局限性，只有正确地认识马克笔的局限性，才能够让我们正确并且大胆地用它来进行效果处理。为了打破这种局限性，我们主张采取明确而肯定的笔触和色彩处理的方式，这是一种强化效果的手段。在实际表现中，马克笔表现技法的要领与捷径就是：突出笔触的秩序和力度效果；少量点缀色彩；拉开明度对比层次；针对小场景题材来进行表现。

马克笔的底稿

马克笔着色所使用的黑白底稿（线稿）要求明确、肯定，在笔法硬度、速度等方面要与马克笔特征相匹配，所以一般使用绘图笔绘制，采用以线描为主的快速表现形式，且不做过多排线和光影处理，所用线条也尽量体现洒脱自如、节奏鲜明的活跃效果，而不要采用过于完整、细致的表现方式。马克笔表现所适合的纸张为较厚的复印纸或绘图纸，也可以画在彩色喷墨打印纸上，这种纸能够有效地体现出马克笔靓丽清新的色彩（如图21）。

图21 马克笔在彩色喷墨打印纸上的着色效果

马克笔颜色容易过激、生硬，不善于表达色彩过渡，特别是对于没有绘画经验的人而言掌握难度较高，画面会显得很"愣"，效果极不和谐，用专业的话来形容，就是缺乏色彩关系。

在这里我们为这类学习者推荐一种草图纸（拷贝纸）作为着色底稿，或采用同样半透明的硫酸纸，比草图纸略厚，不易褶皱，与马克笔搭配使用。这两种纸表面比较光滑，颜色无法快速渗透，会"停留"在表面，所以笔触画上去不会马上风干，且边缘也不是很清晰，马克笔的"锐气"被削弱了，此时可以用手抹蹭，会产生自然的过渡效果。这种用手抹蹭出来的过渡效果比较柔和，画面清雅、透明，很难看出是马克笔画的，速度也很快。如果感觉色彩不够重，还可以在纸背面继续"补色"，正反面叠加起来的色彩层次会更加丰富（如图22～24）。

图22 马克笔在硫酸纸上的叠加着色效果

图23 马克笔硫酸纸着色实例

图24 马克笔硫酸纸着色实例

3 水彩

水彩是绘画感很强的高层次手绘表现形式，在国外的建筑设计手绘表现中非常多见，居于主流地位。目前国内的设计师用水彩进行手绘表现的并不多，在业内也普遍认为水彩过于传统，表现节奏过于舒缓，只适用于细腻的渲染表现，不太适合实际工作需要。另外也有很多人感觉水彩画起来比较麻烦，技法难度很高，不容易掌握。诸多的因素都在影响着水彩在手绘领域的应用，因此很多手绘学习者对水彩产生了抵触心理，尽量回避这种手绘表现形式。

实际上，细腻的渲染仅仅是水彩的表现技法之一，很多艺术家都采用水彩写生来进行素材的积累，这说明了水彩的快速表现能力。在建筑学习中，水彩渲染表现确实是一种传统的手绘训练模式，但在实际的设计工作中，手绘水彩经过技法提炼，往往采用的是简化了的快速表现形式，注重体现的是水彩的特性和效果。在这里，我们要介绍的就是这种水彩快速表现技法。

水分控制

水彩是透明的水溶性颜料，与后面介绍的透明水色都使用毛笔着色，常用的有大白云、中白云、小白云、叶筋、小红毛和板刷。水彩技法的首要要领就是要保证充足的水分，这个要求听起来虽然简单，但是初学者往往难以做到，总是怕颜料过稀，色彩过淡，所以只顾一味地加颜料而忽略加水。实际上，水彩对颜料与水的调和饱和度要求很高，颜料只有依靠充足的水分才能发挥其特性，才能使着色呈现应有的效果，所以在调色时一定要大胆地加入水分，特别是在初步着色时对水分的要求最大，一般都是用笔尖沾少许颜料，随后用大量水分加以稀释，调匀后就可以直接使用了。

点笔笔法

图25 点笔笔触效果

水彩表现的用笔技巧非常重要，在快速表现中，通常采用"点笔"笔法。点笔是指快速而跳跃的用笔方式，也是一种笔触形式，不是绘制的形状——不要从字面上去理解，实际上是用笔的侧锋快速连续着纸而形成的，类似点状的笔触（如图25）。

点笔时动作要灵活、放松、富有弹性，通过有节奏的动作使笔触之间呈现自然的搭接连通。要注意的是，每个点状笔触的面积都应该尽量扩大，而不是缩小。另外，点状笔触不应独立出现，而是要相互连接融合，也就是说，对一个范围的着色不是星星点点的，也不能简单地平涂，而是要将"点"连成片，在点笔时留下的偶然的空隙也是重要的技法要素和效果特征（如图26）。

图26 点笔笔法效果局部实例

扩散融合

　　水彩颜料比较透明，调和性比较强，但是色彩的调和不是在调色盘中混合调配的，而是利用毛笔着纸时借助水分来进行扩散融合的，这是水彩的一个重要的技法特征。将一块底色涂好后，在它未干的时候点入其他颜色，颜色之间就会根据水分的多少而进行相应的扩散，而后呈现出自然而含蓄的融合效果。这个技法能区分颜色的湿润程度，底色水分越充足，附加颜色的扩散面积就越大。颜色的相互渗透要根据实际情况来把握，有时甚至需要等到底色快干的时候才点入附加色，以获得轻微的扩散效果。在进行大面积着色时，可先用板刷在准备着色的区域刷上干净的水，在水未干时快速画上调和好的颜色，就会出现大面积的扩散效果，扩散的边缘将会非常自然、漂亮，且没有明显的笔触和边迹，这种方法专门适合画天空和水面。

　　发挥水彩扩散融合特性的关键在于掌握干湿程度，对此需要进行一段时间的尝试和练习。另外，这种技法所表现的都是"面"，如树冠、墙面、地面、水面及其他有一定着色面积的内容，但无法用来表现形态轮廓（如图27）。

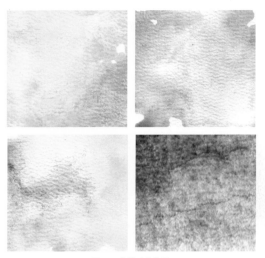

图27　扩散融合效果

水迹效果

　　水迹的应用是水彩的另一个非常重要的特性技法，它与扩散融合效果相反，边缘痕迹清晰，专门用来体现形态轮廓。水迹技法其实很简单，只要将水分充足的颜色淤积在纸上，待其自然风干后就会出现这样的效果，颜色成分越多水迹效果也会越清晰。因此，在应用水迹效果时要刻意地使水分形成淤积的大水珠状态，不用担心水分过大而用笔将水分吸走，也不要马上用吹风机进行烘干，只要耐心地等待它被纸张自然吸收，自然地留下水迹效果即可。当然，我们需要的水迹是"有形"的，不能只是一个靠自然淤积出来的过于随意的形态，水迹所要表达的轮廓形态是需要在它未干时用笔尖"拖拽"出来的（如图28）。

图28　水迹效果

虚实结合

　　对于天空、树冠、水面、绿地等面积较大的画面内容，一般都是先进行水分充足的铺垫着色，并添加适当附加色进行色彩扩散融合效果的表现，而后再用水迹对树冠层次、树叶、水纹、倒影、投影等形式轮廓进行修整或局部点缀处理。在实际表现中，"虚"是水彩的主要效果体现，而水迹效果则比较适合处理偏近景的部分，所占比例应该略少一些，这种配合体现着水彩清淡朦胧而又柔中有刚的独特效果（如图29）。

图29　虚实结合效果

图30　沉淀效果实例

沉淀效果

在水彩大面积着色的地方，通常会看到很多颗粒，这是颜料自身的沉淀，是水彩颜料的特性，比较明显的是群青和赭石。沉淀是水彩的一种特殊效果，并不需要采用特别的技法去实现，在着色时可以有针对性地根据颜料的沉淀程度来进行选择（如图30）。

着色步骤

水彩的快速着色表现不是一次到位的，要讲求次序章法，由浅入深、由整体到局部地逐步进行。具体步骤是：首先做整体铺垫，对大面积的区域进行着色，如绿地、树冠、天空、道路和铺装，及建筑外立面等，为画面建立起整体的色调和色彩、明度关系，这个层面的水分比较充足，所以整体效果是相对清淡的；第二步是在第一层的基础上进行补充和细化，主要塑造形体体面关系，增加明度和色彩层次，同时填充一些着色的细部，包括主要的暗部及投影，此时水分可以略少一些；最后一步是细节刻画，也就是局部的点缀，比如窗户的反射投影、近景的植物细节、建筑上的线条和细节光影等，这一步的处理多集中于边角和轮廓，很多甚至在底图线稿上没有的细节都是在这个步骤中用颜色来完成的，所以此步骤也是对底图线稿的完善和补充，等于是对整个画面内容的整理和修饰。同时另外一个目的是为了进一步增加细节处理，拉开明度对比关系和空间远近效果，这个步骤是至关重要的，可以修整和掩盖前面步骤中的不理想之处，也是能让画面"精神"起来的关键环节。看似要画的内容很繁杂，其实画起来并不复杂，因为讲求的是恰到好处，也要适可而止。水彩快速表现并不追求极致丰富的变化和写实效果，也不是要进行细致入微的刻画，其难度主要在于对简化处理的把握和控制（如图31）。

图31　水彩快速表现实例

留白处理

留白是水彩表现中非常重要的一种技法效果，这与前面讲的马克笔留白方式是不一样的。水彩的留白，不是指画面着色面积的省略，也不是指笔触之间的自然空隙，而是针对形体的，比如栅栏、窗框、树干、檐口、高光等线性的形态，要在着色前做留白的"计划"，而不是在着色的最后用白粉进行勾画，所以水彩颜料中的白颜色往往是用不上的。在快速表现中，对一些本身颜色就十分浅淡的内容就可以归纳为白色，用留白的方式来进行处理，这也是水彩快速表现的一种概括省略技巧。此外，笔触之间也应该适当有意留出一些空白的点来增加生动的质感，特别是大面积的植物要留出有节奏的空隙点，而不要全部用颜色覆盖住（如图32）。

图32　留白效果实例局部

色彩调和禁忌

水彩表现比较忌讳"脏"，这是很容易出现的问题。水彩颜料虽然不同于水粉颜料，但如果水分添加过少，也会产生厚度，具有一定覆盖力。这种过厚的颜色在分层着色时会被后一层的颜色"翻"起来，就像"和泥"一样，这是造成色彩感觉"脏"的原因之一，所以水彩表现的首要要求就是通过添加大量水分使着色尽量画得"薄"。另外，将过多颜色进行相互调和也容易"脏"，通常两种或三种颜色相互调和即可，并且要有主次之分。特别要注意的是，一些较深的颜色，比如深绿、普蓝、熟褐等，更是尽量不要使用黑色，这些颜色与其他色彩如果调和不当就很容易出现"脏色"（如图33）。

图33　避免"脏"色

水彩的底稿

水彩快速表现对底稿的要求不高，所谓不高指的是底稿不需要非常细致、明确、肯定，而是以轮廓勾画为主，因为很多细节是要靠着色来完成的（前面说到的着色步骤的第三步）。水彩画面的主角是水彩，不仅是色彩方面，形体表现大部分也依靠水彩本身来完成（前面提到的水迹技法能起到勾勒形体的作用）。水彩快速表现的底稿如果使用绘图笔绘制，多采用线描形式，如果使用铅笔则采用线描或素描形式均可。铅笔底稿应该画得尽量放松，勾勒出大体轮廓即可，不必拘于细节，且注意不要过重，同时才能体现铅笔特有的虚实节奏，以配合水彩的着色效果（如图34～36）。

图34 水彩着色实例

图35 水彩着色实例

图36 水彩着色实例

　　有人说水彩表现的画面是"灰蒙蒙"的。的确,水彩所体现的往往就是清淡、含蓄、偏灰色调的画面效果,这种效果略显朦胧而又透彻轻盈,从而形成了其特有的氛围,所以水彩着色常被称为"淡彩"表现。水彩表现主要是围绕着一个"水"字,对水性特征的把握关系到多种技法的表现,尤其是对快速表现而言。敢于大量添加水分其实是水彩表现的一条捷径,这样不仅可以为着色创造潜在的余地,还可以锻炼、提高着色的控制力。对于初学者来说,大胆添加水分可以确保画面色彩关系相对平衡、谐调,能有效地淡化不和谐甚至错误的色彩搭配,这是一种保障。此外,水彩技法虽然看似"高深",但即便是不去刻意地运用技法,只是大量配合水分也会很容易地在画面上自然地形成水彩的特征效果和气质。所以,水彩的快速表现是一种很实用的着色表现形式,大家应该大胆地进行各种尝试和练习。但要想真正熟练地掌握水彩以至达到更高境界,还是要经过漫长而艰苦的积累和磨练的。

4 透明水色

透明水色（以下简称水色）也称为"照相色"（是专门用于修理照片瑕疵的颜料），是一种纯水性的浓缩颜料。水色表现曾是国内80~90年代室内及建筑效果图表现普遍使用的主要着色形式，而今这种颜料的应用已经不多见了，甚至已经不为人知。

透明水色退出手绘舞台主要是因为它的特性不易掌握，自身缺陷比较多，品味和气质又不及水彩表现。但是，我们可以从新的角度来体会水色表现的价值。在此，我们所要讲的已经不是过去的室内效果图的水色表现，而是要介绍一种针对环境景观表现的扬长避短、快速实用的全新水色表现方式，这也是手绘领域中的一个独特的门类，如果应用得当，便能够画出很独特的手绘画面效果。在此希望大家重新了解水色，学习并掌握其根本特性和主要技法，感受它的优势效果和魅力。

水分控制

首先应该注意，水色是一种浓缩颜料，所以使用时要大量加水稀释，这点与水彩的要求是一样的，水色的用水量甚至要超过水彩，这点是不容忽视的。

配色技巧

水色的色彩种类不多，所以配色是水色应用中比较重要的技巧，但配色也恰恰是水色的缺陷，因为它的调和能力不是很强，而且调和色在调色盘中的效果与画在纸面上的效果有出入，待其风干后甚至会变成另一种色彩，因此这种事与愿违的效果提醒我们，水色应该是简明、单纯、概括的，不要进行过度的色彩调和。既然调和性不佳，融合性自然也就不理想。水色不能像水彩那样色彩能够自然地扩散并融合，但是可以通过手工涂抹来进行虚化处理，使附加颜色扩散，并与底色达到一定程度的融合，从而体现出相对柔和的自然效果，当然前提是附加色要尽量浅淡，需要多加水分。在水色表现中最多应用的附加色仍然是黄色，其次是橙色和红色，此外，水色表现中也可以出现水迹效果，但效果不及水彩，所以不能去刻意处理（如图37）。

速度与步骤

水色的渗透性非常强，短短几秒钟的时间，刚画上的颜色就无法做虚化处理了（如图38），因此，水色着色还需要强调速度，着色时尽量一次到位。虽然在实际表现中水色着色也应遵循从大面积着色到细节刻画的基本原则，但不需要划分过于明确的步骤，因为颜料是纯透明的，即便着色的变数多也不会出现底层颜色向上"翻"的情况（如图39）；由于水色颜色的反复叠加会出现难以预测的色彩"失真"现象，所以，建议着色变数较少为宜。

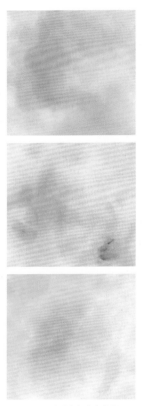

图37 透明水色水迹效果

图38 水色的色彩过渡痕迹

图39 叠加效果

注重明度

透明水色的特性是没有覆盖能力，但却有较强的色彩重合能力的，这与马克笔非常近似，即便是同一种颜色，在风干后叠加也会越来越重。由此可以看出，水色表现应注重强调的也是明度关系和笔触效果的表达，而色彩关系则是为辅的（如图40）。

图40　透明水色着色实例

硬度处理

水色着色的笔法也是点笔形式，与前面讲过的水彩用笔特征基本相同，但不能反复涂抹，也不能对画面的不理想的地方进行"清洗"，所以它不适合表现柔和自然的效果（如图41）。与水彩技法注意突出柔和效果而十分不强调笔触不同，水色技法则突出刚柔并济，更注重笔触效果的体现，带有一定的硬度表达，局部处理手法近似马克笔。

色彩调和禁忌

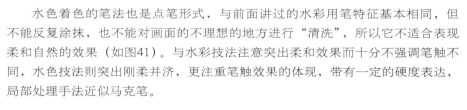

因为快速渗透的特性，水色颜色经常会出现斑驳不均的效果，很多人认为水色不易把握的主要原因也在于此。明明是调和好的并一次涂染的颜色，但是看上去却很"花"，这就是"跑色"现象，也称"串色"，是这种颜料的一个最主要的缺陷（如图42）。导致这种现象有几种原因：一是水分过大，过量淤积；二是颜色在调色盘中没有调和均匀；三是调和颜色种类过多。除此之外还要注意，棕色、红色等几种暖色的跑色现象相对明显，特别是棕色，最好不要单独使用，需要加入适量的黄色进行调和搭配，并且要注意适中的水分。

图41　近似马克笔的硬度表达

难于均匀着色、快速渗透及跑色等特征都说明了水色是不适合大面积着色的，想用水色进行均匀的涂染也是很困难的，所以水色快速表现应该尽量回避大面积着色，强调笔触效果也是为了打破大面积平铺色彩的视觉完整性。

图42　跑色现象

　　水色不像水彩那么柔和，又没有马克笔那样生硬，也不能像彩铅那样刻意去增加色彩的层次和变化，但它所表现出来的画面效果是柔中带刚、实中有虚、层次关系清晰透彻，干脆明了的。它的整体色彩效果突出的是鲜明艳丽、干净简洁，可以说是"鲜亮"的感觉，与其他着色形式有着比较明显的差别，这就是它的魅力。以上所介绍的水色特性和技法吸取和借鉴了其他着色形式的优点，是一种全新的、独立的表现技法，局限性较小，处理效果可以收放自如，非常适合相对灵活而自由的场景，特别是景观快速表现，此外，绘图笔线描的黑白底稿形式最适合水色表现（如图43）。

图43　透明水色着色实例

5 搭配着色

　　我们可以给这四种着色形式进行一个大体的分类：彩铅和马克笔属于"硬笔表现"；水彩和水色属于"软笔表现"。以上所讲的都是以独立着色为前提来介绍它们各自的技法特征的，而在实际表现中，这四种着色形式也经常是搭配应用的，这样能更好地发挥它们各自的优势，相互掩盖各自的缺陷，使画面效果更加和谐。

　　对于它们之间的结合使用没有绝对的限定，但从各自特性和效果来分析比较，我们可以给大家提供一个相对合理的"配方"——水彩配彩铅，水色配马克笔。既然要搭配使用就必须要有主次关系，我们所说的这两种搭配形式就是要建立在明确的主次关系基础之上的。

水彩与彩铅

　　这种搭配是以水彩为主，彩铅为辅。水彩主要负责大面积底色铺垫，不需要深入刻画，明度关系及一些细节的处理则由彩铅完成。在这种搭配中，彩铅所占的比例较少，只是起到点缀性、修饰性的作用。

　　因为彩铅的笔触效果十分明显，如果过度添加会在视觉效果上大大削弱水彩的效果。彩铅表现的成分虽然少，但它对画面效果的直接影响力相对而言还大于水彩，所以，对彩铅表现的分寸把握可以说是这种搭配的重点和难点。

　　水彩柔和清淡，彩铅笔触清晰，这种明显的对比是两者结合的主要效果体现，同时也使它们浪漫自由的共同效果特征得到了融合与升华。水彩的平和、淡雅与彩铅的动感、浪漫构成了完美的互补，水溶性彩铅加水所表现出的效果也近似水彩，所以它们是"天生的一对"，是结合表现的典范（如图44～45）。

图44　水彩与彩铅搭配着色示意

图45　水彩与彩铅搭配着色实例

透明水色与马克笔

　　水色与马克笔在颜料特性方面有很多相似之处，色彩明快、透亮也是这两者的共同之处，很适合搭配。水色作为底色铺垫，所占画面比例较大，马克笔则负责拉开明度对比和层次关系，同时运用笔触效果优势来加强形体描绘，为画面增添活跃的气氛和节奏效果，同时也能掩盖和弥补水色不均匀和跑色等缺陷，它是画面整体效果体现的主要决定因素，但所占的比例却并不多，主要应用在暗部、形体轮廓、投影、近景植物以及边角转折等部位。

　　这两者的搭配需要注意的是：透明水色本身比较艳丽，而马克笔的色彩又是固定的，非常"直接"，因此二者的配合不能相互"争艳"；马克笔应该多选用灰色系列的色彩，尽量减少甚至不使用艳亮的颜色，由水色来负责体现画面的亮丽效果，更明确地说，就是画面中重与灰的成分应该由马克笔来完成，而浅与亮的成分则留给水色表现（如图46）。

图46　透明水色与马克笔搭配着色实例

马克笔与彩铅

这两者的搭配是比较常见的，它们的技法都比较容易上手，而且都不需要加水调和，所以使用起来很方便快捷，是一种高效的搭配组合。

但是，马克笔与彩铅的配比关系控制起来有一定的困难，需要谨慎对待，如果把握不好会出现杂乱无章的效果。在配合时应尽量削弱马克笔的笔法特征，将它作为暗部覆盖处理的主角，且笔触应平稳而不是跳跃、抢眼，相反应突出彩铅的笔触，并发挥它细节处理的优势。彩铅与马克笔的配合没有明确的先后次序，可以随时切换，互相补充，这种搭配比较适合建筑及室内表现，对于景观画面则建议谨慎选择（如图47）。

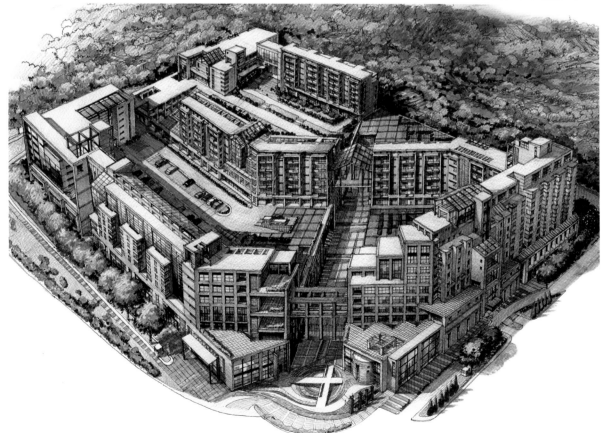

图47 马克笔与彩铅搭配着色实例

透明水色与彩铅

水色与彩铅虽然特性完全不同，但没有本质上的冲突。在这两者的结合中，彩铅不再只用于修整画面，而是参与到整体效果的体现中，可以配合水色进行大面积涂染，以发挥它柔和、富于虚实和色彩变化的优势，使画面轻松而飘逸，所以在这种搭配组合中，真正的主角是彩铅。彩铅可以改变水色的性格，更能弥补透明水色的不易均匀、颜色跳跃和不善于过渡的弱点，因此二者的搭配非常适合景观画面内容的表现（如图48～50）。

图48　透明水色与彩铅搭配着色实例

图49　透明水色与彩铅搭配着色实例

图50　透明水色与彩铅搭配着色实例

彩铅的协调能力非常强，对于水彩、水色、马克笔来说都可以进行配合，主要优势在于：它能大面积调节画面色彩关系，强化冷暖对比；其次，能够自由处理并优化过渡效果，特别是针对水色和马克笔；第三，它擅长于形体塑造和细节刻画；此外，它还能够通过笔触来增强画面的质感，使画面能更好地显现手绘特征。由此可见，彩铅是混合搭配着色中适应性最强的"多面手"，应该作为着色训练的首选。

6 电脑着色

用数位板结合图像处理软件（如Photoshop）着色可以处理传统手绘比较难控制的大面积着色和过渡处理（如图51），模拟画笔的笔头可选择种类很多，调整、切换和涂改都非常简单，适合各种画面的着色需求。

图51 可以用电脑做大面积过渡处理

对于掌握手绘能力的设计师来说，应用电脑着色是借助其优势提高工作效率的一种选择，但依然是使用手绘的技法。

而对于手绘学习者来说，电脑着色无法起到训练能力的作用，反而比在纸面上画难度更高，所以它并不是"捷径"。

电脑手绘的最大优势是模拟能力强，便于修改、保存和输出。本书增加介绍这种表现形式，正是因为它在现今的设计工作中已经被普遍认可和使用，同时也要客观地告诉学习者，虽然它有很强的时代性且具有多重优势，但它在内涵品质和品位方面仍无法替代传统的手绘（如图52）。

图52 采用鼠标在Photoshop中着色的实例

第 4 章　立体形象思维与表现

在以往任何手绘教材中都不会出现这一章的内容，这是我们在多年教学实践探索中对学习者"画不出来"的根本症结追根溯源、总结归纳出来的最独特的教学模块，是突破手绘学习障碍的最重要环节——立体形象思维与表现能力的培养与提升。这也是一道必须推开的大门。在这一章里，我们学习的主要目的不是针对简单的立体形态的画法，而是要通过这些练习来理解造型与空间构成的关系，训练对立体形态及其组合进行思考呈现的能力，建立立体形象思维框架再加以表现，这对于手绘能力的训练和提高具有本质性的意义。

1 基本单体元素

无论是手绘表现还是空间设计，都应该在学习初期建立对最基本的标准立体几何形态的认识，这种单纯的立体几何形态称为"基本单体元素"（下面简称单体）。我们选择的训练切入点是最典型的单体——正方体（如图1）。

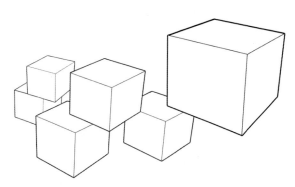

正方体形态，我们可以看到六个面中的三个面，它的长、宽、高的尺寸是绝对相等的，无论它朝哪个方向摆放都是如此，这样有利于我们去理解它在组合中的意义所在，并有利于标准尺度化地衡量和计算。

首先我们要先对一些观念进行梳理，因为单体非常标准，所以一个单体没有什么特殊意义，仅仅是个简单的造型。但是单体是体现各种组合形式的一种基本语言，两个单体同时存在就能够产生多种相互关系，因此，单体的研究和表现价值就在于多个单体的组合所形成的富于变化的新形态。

图1　单体——正方体

不同的摆放方法可以使两个单体间生成不同的空隙，代表着一种形态的存在，这就是空间，它往往是不被注意到的，因为它代表"虚"，而构成它的形态的两个正方体则往往是大家认为应该关注和塑造的"实"的代表，但在这里，实体自身没有任何变化，而它们的组合却构成了空间形态无穷尽的变化，由此我们认识到，空间的构成及其形态就是实体组合关系的体现（如图2）。

单体的各种组合形式，可以使我们比较形象地树立概念性的空间思考的意识，建立对建筑造型和空间的初级理解。在本章的学习中我们将使用这种单体来做各种组合方式的表现训练，以加强对立体形象的理解和把控能力，建立良好的立体形象思维意识是核心目的。

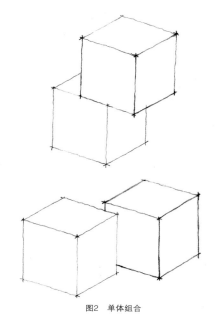

图2　单体组合

2 轴测表现形式

在利用单体建立立体形象思维和空间意识之前，我们首先要学会如何表现它，这里不需要具有真实感的透视表现，而是利用轴测图的形式来表现。

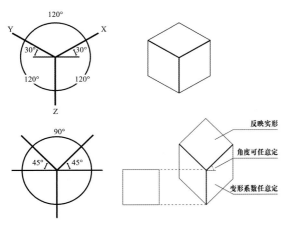

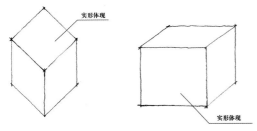

图3 轴测图的基本画法

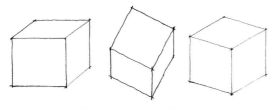

图4 选择其中一个面作为实形体现

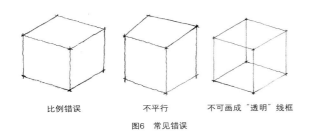

比例错误　　不平行　　不可画成"透明"线框

图6 常见错误

轴测图是一种图纸表现形式，画出来的效果虽然是立体的，但其中不包含透视原理和技法。我们先用一个标准的单体来说明轴测图的基本画法。

轴测图的绘制是很简单的，基本原理就是将平面图（正方体的某一个面）以一个特定的角度进行旋转，然后从它的三个角向下画出真实高度的三个边并相连，就形成了一个正方体的轴测图（如图3），这个过程只要有平面和立面的数据就可以了。但是通过这种方法画出来的单体俯瞰效果十分明显，这是因为平面图在这里是没有变化的，这称为"实形体现"，如果选择其中的一个立面图作为实形体现，也是完全可以的（如图4）。

在我们的手绘训练过程中，了解轴测的知识是必要的，但不要被它的条条框框所限制。我们仅仅借用了轴测形式的立体效果特征——边与边平行，这种平行关系是轴测图，虽然看着也很立体，但完全不同于透视的区别所在，也就是它不存在"近大远小"的真实视觉效果。按照上面图例这种画法画出来的正方体不免显得很呆板，所以我们还需要变换一种角度，使三个面都不体现实形，这样画出来的正方体效果更好看，也便于我们接下来的组合练习（如图5）。

在画这种单体的过程中，会有一些常见的变形错误，大多都是忽视了各边之间的平行关系和尺度比例关系（如图6）。

此外，为了辅助观察而将单体画成透明线框的状态，这种做法也是不可取的，一旦形成依赖的习惯就不易改掉了，会给今后复杂的组合表现带来很大的麻烦。

学习并熟练掌握轴测图的表现技法不仅是为了本章中训练立体形象思维能力的需要，在今后实际设计中配合方案构思所画的大量草图也主要依靠这种表现形式，所以还需要对轴测画法提高适应和加大练习。

对于练习轴测表现，推荐给大家一种很有效的组群练习方式：以十几个体量相等的单体为一个练习组群，在画每一个单体时都尽量变换角度，安排不规则的遮挡关系，以表现出随意摆放的自然效果。但注意不要把任何一个单体画成透明的，也不要事先打底稿（如图7）。

在适应并逐渐掌握轴测单体表现后，我们就要开始由浅入深展开练习了。

注意：以下练习都不要采用打草稿的方式进行训练，应该预先在头脑中设想要表现的内容及绘制的先后顺序，然后再有步骤、有条理地将单体逐一画出来，且不能涂改，这样才能达到训练的目的。

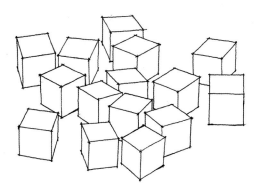

图7　正方体组群练习，每个单体都尽量变换角度并注意表现相互遮挡

3 图形延伸练习

图形延伸练习比较简单，以下两个训练的性质基本相同，都是先用单体构成图形，再将图形进行立体延伸。在表现过程中要注意单体之间正确的对应关系和遮挡关系，更主要的是要从整体的尺度关系来看待它。这是一项最基础的训练，虽然已经出现了单体排列互相遮挡的表现难度，但难度较低。

*以下各练习中单体的边长均为3cm，不再另做说明。

1．由数个单体构成一个长、宽、高均为9cm的立体"T"字造型（如图8）。

2．由数个单体构成一个长、宽、高均为15cm的立体"正"字造型（如图9）。

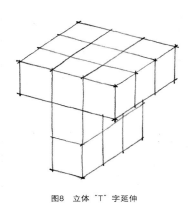

图8　立体"T"字延伸

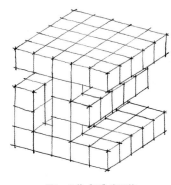

图9　立体"正"字延伸

4 体块排列组合练习

将多个单体进行有序或逻辑的排列组合，形成规则的队列或阵列及面的形式并把它们画出来。目的是通过这种排列组合表现训练来提高相应的视觉和思考适应力。下面我们介绍几种规则的排列组合表现练习，并分别加以说明。

队列表现练习

1．将5个间距为1cm的单体排列为一队（如图10）。

2．按上面的要求画横向队列和纵向队列各一个，并形成正"十"字交叉关系（如图11）。

3．用9个单体组成一个"V"形队列（如图12）。

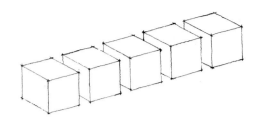

图10 "一"字排列

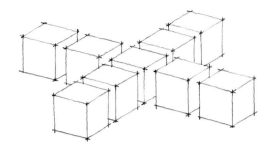

图11 "十"字交叉排列

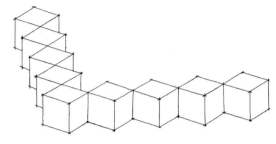

图12 "V"字排列

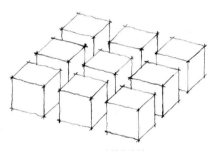

图13 9个单体阵列

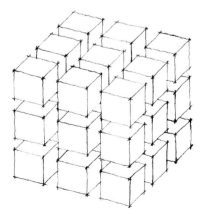

图14 27个单体矩阵

对于已经比较熟练掌握第一章画线训练的学习者来说，平稳地画出这些单体并不困难，此训练的真正目的和难点不在于此，而在于对单体之间相互遮挡关系的想象和表现。在不做任何涂改的前提下，就需要提前制定一个明确合理的表现顺序，从完全不被遮挡的单体开始画起，逐一推进，这也是一种非常基础的逻辑关系思考。对于这三个练习，正常合理的逻辑顺序是先依次把每个单体的顶面先画出来，然后再依次分别向下延伸画出垂直线，最后画底部的边。

通过这三个看上去简单的基础排列组合练习，大家可以想见，在不参照图例甚至完全没有看到图例的情况下去凭空想象，画出结果是不太容易的，由此大家已经可以体会到我们的训练目的之所在——先要在头脑中呈现这个结果，再按照合理的逻辑次序将它们一次性画出来，这并不是单纯的表现问题，而是能否用思考在先引领表现的问题。

阵列和矩阵表现练习

在排列组合表现的基础上，接下来我们进行更复杂一些的训练。

1. 将9个间距为1.5cm的单体排列为正方形阵列（如图13）。

2. 按上面间距要求将平面阵列变为正方体形式的立体矩阵，单体数量增加至27个（如图14）。

阵列和矩阵练习增加了排列的复杂性和表现的难度。我们除了要借助各种观察方法外，更要特别注意单体之间相互遮挡的关系，按由近而远的次序进行表现练习。另外，每次完成练习后，都要对整体的平行关系和尺寸比例进行检查。

逻辑对应排列表现练习

1．将6个单体组成一个从各立面看均为间距3cm的"十"字形态的立体造型（如图15）。

2．在一个由7个边长为2cm、间距为0.5cm的单体组成的各边相等的"门框"造型上，加套一个由十个单体构成的同样形式的"门框"，两个"门框"呈正"十"字交叉关系，交叉点间距同样为0.5cm（如图16）。

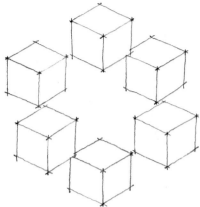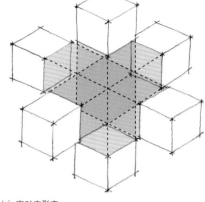

图15　由6个单体组成的立体"十"字对应形态

这两个练习是在排列和阵列组合基础上向更具造型感的立体形态扩展的训练，思考想象的难度更高。窍门是找到特定的逻辑对应性，特别是第一个练习，因为间距与边长相等，所以单体间存在规律性的对位关系，不能只考虑6个单体实体的位置关系，一定要把它们之间的空间包含在一起连贯思考，将其理解为一个个连续的单体，这样就能够比较明确地找到对应的排列关系。为了辅助这种对应关系的把握，在初期练习时可以先画一个平面图，用于辅助的对位参考。

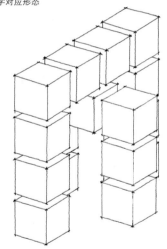

图16　两个门框"十"字交叉

在这一节中，我们可以建立起初级的立体形象思维意识，对立体形象的思考和理解是手绘表现的前提。这些练习的表现难度其实并不大，关键在于先通过形象化的思考，在头脑中生成其立体形象，然后计划好单体的表现次序，最后再动笔完成。在这个过程中对体块间对应关系的分析和思考是重点。

5 体块对位插接构思练习

为进一步加强立体形象思维意识，我们开始进行更加立体化的训练。这一节的学习相对比较特殊，是将立体造型进行拆解，通过对已知部分的观察和分析，构想未知部分的具体形象，从而训练对复杂的体块对位关系的构思和表现能力。在下面几个体块对位插接的范例中，我们将完整立体造型称为"F"，把其中已知的体块部分称为"H"，将需要去画出来的未知部分称为"A"，大家要依靠对F和H的观察来判断想象A的造型并画出来，注意A的视觉角度要与H的角度一致（如图17）。

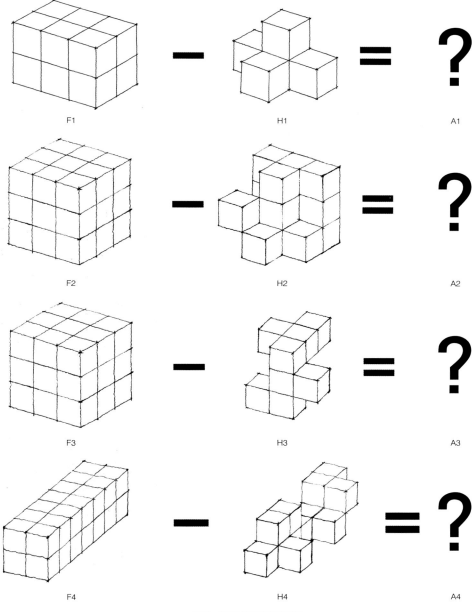

F1　　　H1　　　A1

F2　　　H2　　　A2

F3　　　H3　　　A3

F4　　　H4　　　A4

图17　体块对位插接练习题目

　　以上练习是由浅入深地理解和表现的过程，这种练习有特定的理解方法，不能急于动笔，应该先进行形象化的理解，也不能边想边画，一块儿一块儿地尝试性地拼凑，下面推荐给大家几种不同的方法。

　　第一种：把F想象成是一个完整的透明盒子，反复比对F和H，而把H想象为一个不透明的实体，然后再去想象F减去H的感觉，在头脑中努力去生成一个半透明的A的形象，当然，这个形象是个朦胧的形态，这样做的关键是把F、H和A都理解为一个整体造型，而不是注意组成部分的单体数量和具体位置。有了对A的整体形象以后，再开始从A的最近部位往远处一块儿一块儿地画出来，画的同时注意核对单体的数量和具体位置，在整个过程中始终不要丢弃或忘记那个想象出来的A的整体形象，它是整个表现过程的印象参考。

第二种：把F想象为任意一个具有一定重量的东西，看到H后，在心中掂量一下大概的分量，占F的多大比重，做到心中有数；眯起眼睛忽视单体间的分割线，在脑中形成A的整体外轮廓；然后迅速画出这个整体轮廓（不要画分割线），不要怕画得不准确、不精致，画错了可以再画一遍，直到确认画对了，再把分割线画上去。这种从大形态控制着手的方法是非常有效也很准确的训练途径。经过反复练习并适应后，对手脑配合度（思考与表现的配合）提升大有帮助，这也是本章训练的核心目的。

第三种：把F想象为层叠的真实物体，比如砖砌的城墙（排列方向任意定），或者是捆绑好的书籍；最重要的原则就是通过形象化的记忆迅速地将单体分组，粗略地感觉一下，如第二个练习所示：一堵"T"字形的墙，上面掉下两块砖，左边一块右边一块，这样一来，只要稍加注意那两块"砖"的位置就可以了；这样不但能够很快地记住原有物体的方位，同时也能够迅速地想象出未知的部分，最后只要依次画出就可以了，这是一种纯粹的形象化思维方法。

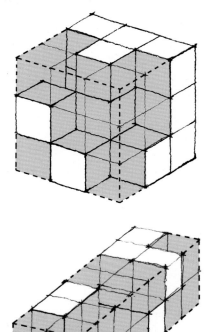

以上介绍的方法只是众多方法中的几种，人与人的感受不同，想象的内容也会有所差别。需要说明的是，在表现练习的过程中想象出A的大体形象并不很困难，最难把握的是始终把这个形象保存在头脑中，作为表现的依据和指导。大多数人在刚刚接触到这个练习时，不容易很快适应，再遇到稍微复杂一些的练习时，就更难把控了，但是不能气馁，这正是我们要训练的一种特殊能力。在初期练习时，我们可以用下面这种方法来帮助思考，辅助表现。

虚线代表F的外轮廓，像一个容器；涂为红色的部分代表A，像是充入容器中的红色其他气体，这样我们就可以清楚地得到A的完整形态，这种辅助非常简便快捷（如图18）。但我们要明确一个道理：训练的目的是为了锻炼形象思维能力，辅助表达的方法是帮助初学者尽快适应对立体形态的整体思考和把握，其真正意义不是辅助表现，而是辅助思考。辅助表达不能作为一个简化思考的手段，更不是一个捷径，在经过一段时间的练习后，就应该脱离这种辅助，真正通过形象思考来进行练习，才能真正提升自己的形象思维与表现相配合的能力。

另外，在表现方面应该时刻注意平行、垂直等对应关系，尽量做到一次到位，依赖涂改只能说明思考还不到位，练习答案如下图所示（如图19）。

图18 填充思考示意

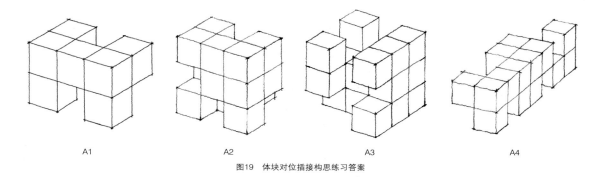

| A1 | A2 | A3 | A4 |

图19 体块对位插接构思练习答案

这种体块对位插接训练是一种非常重要也十分有效的训练，它能够使学习者快速提高立体形象思维能力。相比之下，对单体的具体表现手法在这种训练中是次要的，我们不是学习单体的对位插接与计算比较方法，而是要借此练习去理解空间中的"有"和"无"，通过把握这两者间的相互依存、相互映衬的关系，来迅速提高立体形象思维能力。

在对立体形态与空间构成的理解中，对结果A的表现是建立在扩展式的想象基础之上的，只有习惯于这种形象并进行活跃的思考与想象，才能迅速而敏锐地抓住"有"和"无"，并处理两者的对应关系，准确地把握各种形体特征和位置关系，从而使我们在以后的实际表现中真正地做到有的放矢。在练习当中能够对所想象出来的立体形态进行保存和延续，这种控制力是一种惯性思考能力，也是立体形象思维的核心所在。

6 体面关系练习

在手绘学习中，对体面关系的认识和把握不仅是形体表达的重要前提，也是立体形象思维训练中的一种必要形式。

在前面的练习中，我们都是将正方体作为基本元素，通过简易的轴测画法来进行理解和表现，所画的单体在画面上均呈现为三个体面的立体效果，这是基本的三维效果体现。单体元素的体面关系表现是非常简单的，即便是进行各种组合，对组合中任何单体的体面关系的表现也都是相同的。而在以下的练习中，我们开始脱离单体，尝试采用其他形式的造型和组合——略微复杂的造型或组合，来进行体面关系的表现练习，了解更多体面关系的变化，从而提高这种意识和表现能力。要注意的是，以下练习我们也采用轴测形式进行表现。

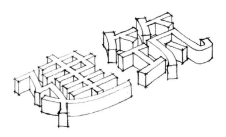

图20　立体文字练习

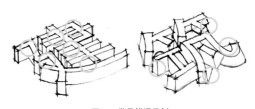

图21　常见错误示例

立体文字练习

在这个练习中，我们将文字变成立体形态，重点表现它们的体面关系。在图中我们将文字看作一个整体，每一个文字都要从两种角度进行表现，目的是为了提醒大家：所加的体面方向是一致的（如图20）。

图中介绍了初学者的两种常见错误（如图21）：错误示例A看似是马虎的遗漏，实际上是属于对体面转折概念的模糊；错误示例B是因视觉角度的混淆导致了体面关系表现的矛盾。

造型穿插练习

1. 用5个大小不等的单体进行多种形式的自由组合表现（如图22）。

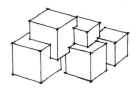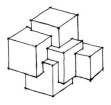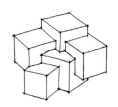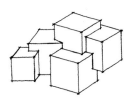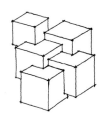

图22　5个大小不等的单体自由穿插组合表现

2．根据图中所给的形态和数量要求，进行多种形式的自由组合表现形态要求（如图23），组合效果（如图24）。

多个几何形体穿插在一起，打破了它们各自原有的体面形态，生成了新的立体造型，产生了新的对应关系及比例关系，我们要透过形体之间的互相遮挡，思考这些新的体面变化并进行表现，这是一种对视觉把握能力的训练，也是一种很好的立体形象思维训练。在练习过程中，应该首先想象新生造型的整体形象，有了完整的形象构思后再下笔。这部分的难点是对造型穿插的接合部位的表现，对此我们不能松懈，更不能含糊其辞，要领仍在于保存并调用头脑中对整体形态的想象结果，不能一点点的"推着画"，要尽量快速成形（如图23）。

交接节点练习

将一个单体变为由12根相等柱体构成的空透立体框架，并对正方体的8个交接节点分别进行独立表现（对接处不可有接缝）（如图24）。

交接节点练习看似简单，实际操作起来很不容易，是一个非常重要的训练。

首先，对8个交接点分别进行表现，就带来了没有整体参照的困难。这种放大局部进行表现很容易使思考想象变得迟钝，出现对立体体面关系的各种错觉，加上固定角度中形体的遮挡关系，更加剧了方向感的混乱，这种混乱会导致柱体体面的先后关系错位。我们要在头脑中先"画"出方向，再用形象思维能力来把握体面的朝向。此外，要求不能画出接缝，而且要一次性完成，不加涂改，这样虽然带来一些难度，容易出现错位变形，但是可以使我们把每个交接部位都视为一个整体去思考和表现，可以训练我们的整体把握能力（如图24）。我们要用"对应观察"的方法来确定线的对点关系，比如可以用虚线示意以确保体面比例关系的准确。

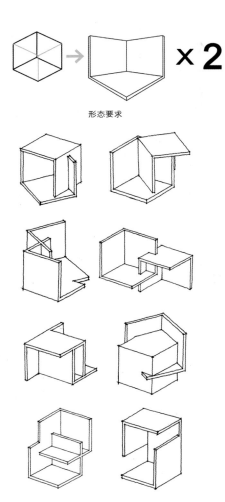

形态要求

图23　自由穿插组合表现

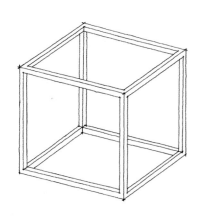

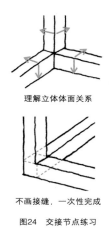

理解立体体面关系

不画接缝，一次性完成

图24　交接节点练习

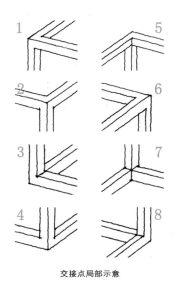

交接点局部示意

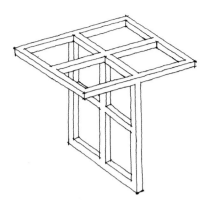

图25　两个"田"字框架"T"字形组合

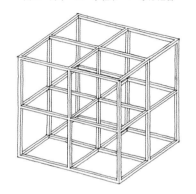

图26　8个单体立体组合框架

复杂框架体面练习

1．将两个"田"字形框架以"T"字形式进行组合（如图25）。

2．将8个空透框架形式的单体组合成为一个完整的正方体框架（如图26）。

3．按示意图进行框架形式的表现（如图27）。

乍一看到上面几个框架练习，大家可能会觉得非常困难。实际上，有了交接节点表现的基础，再来完成这几个复杂框架练习是不难的，只是画起来比较耗时。这种练习的所谓复杂性主要体现在形体间的相互遮挡中，错综复杂的前后关系常常使人无从下笔，往往在画的过程中猛然发现某处已经遗漏了线条，甚至是一部分形体。解决这类问题就要适应这种局部与整体反复切换的思考形式，需要进行大量的练习，但重点不在于画，而在于想。在下笔之前仔细分析，在头脑中想象出具体造型的框架，计划合理的表现次序——由最外部向内部画；将没有被遮挡的体面作为第一级首先落笔，由此往下逐级推进，并时刻提醒自己注意"哪个形体在前面，哪个形体在后面"。

复杂框架体面练习重点就在于训练编排思考与表现的合理次序。在练习中还要时刻注意靠后的被遮挡比较严重的形体，因为它们往往是"支离破碎"的，更要注意它们与前面形体的对应连贯性。

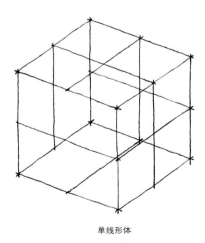

单线形体

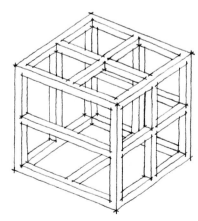

对照单线形体进行立体框架体面练习

图27　立体框架表现

这一节的练习主要是围绕体面关系的表现来进行的，其中的立体形态采用最基本的单纯体积元素——正方体，是为了强化对立体造型大块体面关系的把握。我们最单纯最直接的训练目的是不能把体面关系画错，这并不是在制定最低标准。由于我们的练习不能依靠写生来完成，在既不能使用辅助线又不能涂改的限定下，必须先进行充分的想象来判断体面关系的形态，然后再付诸于表现，练习的真正难度和主要训练目的都在于此，而这也体现了手绘与专业绘画（如素描）的区别。所以，这种体面关系练习的实质还是在"练脑"而不是"练手"。

7 形态印象记忆练习

在手绘中会表现大量不同的形态，这些形态大部分都是存在于现实生活环境中，因此，在日常生活中，我们要注意观察和收集这些形态的资料，经过分析和思考，将它们收录在自己的头脑中。对于某些特殊的形态我们还可以采用一些手段来进行辅助记录和整理，如写生或拍照片。在实际手绘表现时，不可能对所画的各种物体逐一去翻阅图片资料，大多数情况下都是通过回忆或想象的形式来完成表现的，这就需要我们具备良好的形态印象记忆能力，同时还能够将已经掌握的信息进行逻辑扩展和延伸，这也是立体形象思维的一种重要能力。

形态记忆示例：回忆表现一个生活中常见的控制照明的平板开关（如图28）。

前者为初级印象的表现，能够回忆起大体形象，但到此就无从继续了，而后者属于深度印象的表现（如图29）。从两图的比较中我们不难看出，后者比前者更重视细节表现，如缓和的倒边、微弧的按板、荧光显示及外壳与按板的套装关系，这些都是它的特征所在。后者的意图更贴近实际的细节印象加工，而前者就因为缺少这些特征的描绘而使表现失去了生动性。

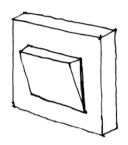

图28　初级印象表现

通过上面的示例，我们了解到对形态印象的表现并不是那么容易的。其实在手绘表现中很少会涉及到像这个示例如此详尽的描述。的确，这个示例看似有些不恰当，而且手绘确实是比较概括的表现，但之所以用这个即便在画面里出现也不会如此细致描述的小小开关来举例，就是为了说明每一个物体都有它的特征，而在手绘表现中所调取的印象记忆往往忽略遗漏的就是这些物体特有的特征，所以画出来的效果并不是"概括"而是"空洞"。我们不是提倡"越细节化越好"，而是要尽量回忆所画物体的重要特征，这种回忆有时甚至是靠理性的"推导"来完成，以确保所画内容符合常理且生动。在建筑和景观手绘表现中，需要通过这种印象回忆或分析的内容非常多。

图29　深度印象表现

浮于简单的思考或者仅仅进行基本外形表现的状态和习惯是手绘学习的巨大障碍。

8 体面动态练习

这种练习是对常见形态进行不同角度的表现，通过对形态特征进行回忆和推导，表现其形体变化，是比较典型的立体形象思维训练。在初期练习中，可以对实物进行观察或者写生，通过概括的形式来进行表现，如果有把握，最好能通过想象来完成。

1. 分四步画出一扇房门打开的连续动态过程（如图30）。

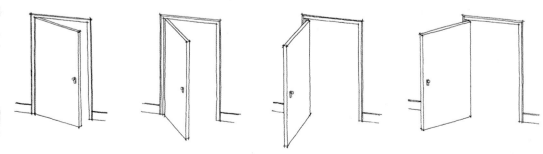

图30　房门打开的连续动态表现

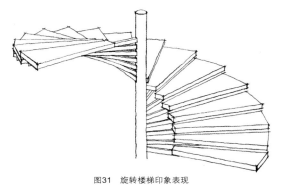

图31　旋转楼梯印象表现

2．旋转楼梯的局部表现（不需要表现护栏）（如图31）。

3．根据平面图，表现室内场景示意图，并按比例绘制出室内家具体块（如图32）。

通过以上的练习可以体会到，形象记忆不是指单纯的记忆，而是带有分析性质的逻辑思考方式。我们的眼睛不是照相机，大脑也不可能对生活中的每样东西都记得清清楚楚，因此形态印象记忆中的特征细节主要来源于生活经验的积累和一些基于常识的推理。

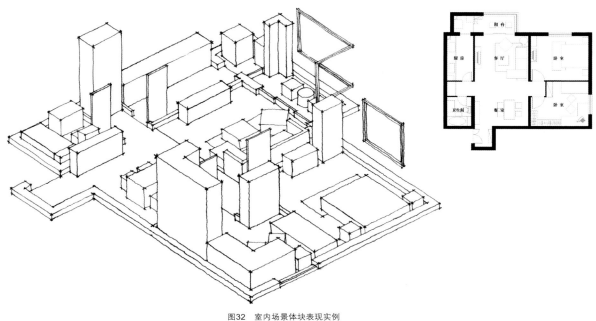

图32　室内场景体块表现实例

形态印象记忆能力是使手绘表现快速而生动的保障，主要体现在配景表现中。手绘表现的画面有时看上去简单无味，往往就是因为没有生动的实物表现，将掌握数量有限的形态在各种画面中反复使用也并不理想，我们还是应该努力培养自己的形象记忆能力，平常多注意观察生活中的细节，多制定印象表现目标。这种练习的目的决不在于所画的对象本身的价值和意义，关键是要让自己通过练习去适应对形态印象的调取和分析，提高对物体特征的把握能力，从而扩展自己的立体形象思维。

有很多学习者在学习前总认为自己是"想得出来，画不出来"，其实这种所谓的"想"并不那么简单，它是设计理解能力和观察力的体现，更是手绘表现的实质——形象思维能力的体现。我们在这一章中，花大力气来讲授和练习立体形象思维，可见它的是非常重要的，每个人自身都具备这种能力，只不过是开发和应用的程度不同。对于手绘学习来说，开发自身潜能，建立良好的立体形象思维能力是一个先决条件。在本章中，虽然我们主要是以看似简单的几何形态来进行练习，但这些练习都不是写生，而是需要先动脑在动手，并且大多需要一次性完成，是与专业绘画学习大不相同的。我们要敢于大胆地思考，并努力把所想的和印象中保存的画出来，不断地锻炼自己增强在没有参照物的情况下进行表现的能力和信心，只有这样才能真正达到手绘学习的良好效果和实质目的。

第 5 章　透视

透视是手绘画面的基本框架，画面中所有内容都是在透视框架基础上添加的。

在很多教材中都有关于透视技法的教程，主要讲授科学、严谨的透视法则。作为一种规范的制图技法，很多学习者认为这些透视的求算十分复杂，由此对透视产生了畏惧心理，而更多的人则认为学会了透视就等于学会了手绘。

透视技法确实非常重要，是画面效果的基本保障，但它并不是手绘表现中唯一的价值所在。要明确一个基本概念——手绘表现并不是标准的制图，我们学习透视的主要目是为了给画面搭建符合正常视觉规律和效果的合理框架，从而快速控制画面，所以透视注重的是快速、灵活的运用。学习透视技法主要在于把握其规律，训练适应性。为了能够从容自如地给画面搭建透视框架，还要从基本原理和求算方法入手，然后通过大量的实际练习把透视的规律吃透，最终达到能够不依赖求算就能熟练、灵活应用的目的。

在本章中，为了便于大家学习和理解透视的原理，我们将其进行了归纳与简化，并在此基础上提出了简便使用透视的方法和建议。

1 透视概述

透视是一种带有求算性质的描绘自然物体空间关系的方法或技术。在透视求算中涉及到很多特定的点、线、面，它们是透视原理的基本要素，相互关联并且有着各自不同的概念及作用。学习透视技法就是从认识、理解这些基本要素开始的（如图1）。

视点——作画者眼睛的位置。

视平线——由视点向左右延伸的水平线。

灭点——也称为"消失点"，是空间中相互平行的变线在画面上汇集到视平线上的交叉点。

消失线——是指汇集于灭点的线，也称"灭线"。

测点——用来求算透视中进深及纵深尺度的测量点，也称"量点"。

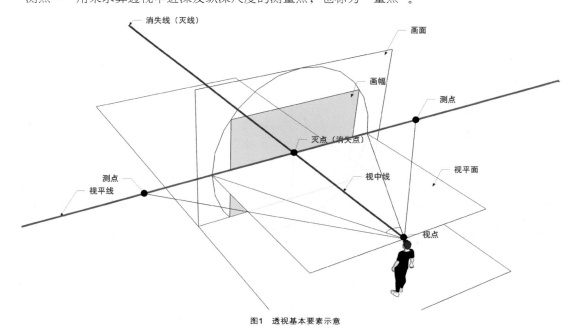

图1　透视基本要素示意

以上是各类透视技法中的常见名词，在平行透视与成角透视中也是通用的，它们都是必不可少的。这些要素互为依据，紧密关联，才形成了一套完整的求算步骤。除此之外，我们所要学习的平行透视和成角透视（包括简易成角透视）还分别具有各自的特性和相关名词，我们要注意不要将这些名词相互混淆（如图2）。

基准面——在平行透视中，自由确立的一个虚拟面，它既是宽度、高度的坐标，同时也可以作为画面的界定（在简易成角透视中亦有出现）。

进深——在平行透视中从视线出发点至要表现的最远景物之间的透视距离。

成角透视中的名词：

真高线——成角透视中的高度基准线。

纵深——在成角透视中向两个灭点消失的透视距离。

视中线——穿过心点的一条与视平线垂直的线。

测线——成角透视中通过真高线下端点的一条作为地面基准的水平线。

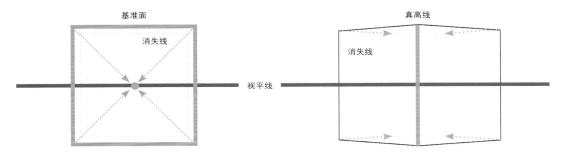

图2 正方体的平行透视（左）与成角透视（右）示意

现在虽然对所能用到的词汇做了解释，但对于初学者来说，这些词汇是不太容易理解的，且非常容易搞乱。因此，在学习中大家一定要牢记它们各自的作用和出现的次序，形象化地理解每一个词汇的作用和规律，并在实际生活中寻找透视的规律，与所学理论相对应，只有将两者有效地结合在一起，才能够加快学习和掌握的速度（如图3）。

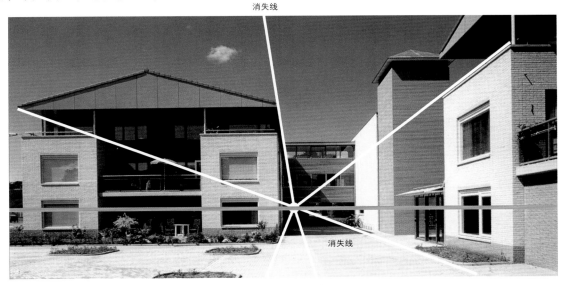

图3 在实景照片中寻找透视规律

2 平行透视

平行透视也称为"一点透视"，从字面就可以判断出它的基本特征：平行关系和以一个灭点为核心。这是一种最基本、最常用的透视，它的原理和步骤都比较简单。掌握平行透视技法是学习其他透视表现技法的基础和前提，也是以正规的透视语言理解和表现空间的第一步。下面，我们将通过一个室内空间来讲解平行透视表现的具体步骤。

在开始"讲解"前，我们要先明确一个概念：透视求算到底"算"的是什么？很直接的答案就是——算进深，也就是给透视近大远小的深远度求出一个尺度标准，这当然是不能凭"感觉"来定的。

内向型画法

在透视表现之前，我们应该先掌握要画的对象的具体尺寸数据、表现范围等内容，在这里，为了便于理解，我们下面用来讲解平行透视的是一个删减了门窗和其他内容的空间体。在这个最简化的空间体平面图中，注明了除去墙体厚度的空间尺寸及高度，同时标示了指北针，这样便于我们在讲解中分清不同界面，我们将由南向北方向进行透视表现（如图4）。

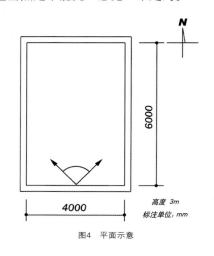

图4 平面示意

步骤一

首先，按图中所注明南墙的宽度和高度，画出一个长方形，这就是基准面。注意，它要尽量撑满所用纸张，比纸张略小即可（如图5）。在画基准面之前，应该先根据纸张大小制定一个比例，按这个比例，以1m为单位，为基准面画上标尺（如图6）。

步骤二

确定视平线（以下称HL线），一般情况下，是以人的平均身高——1.6m或1.7m来确定的，称为"正常视高"。根据画面效果需要，这个高度可做相应调整，在这里为了便于观察和理解，我们将其确定为1.5m（如图7）。

在HL线上确定灭点（以下称VP点），VP点的位置要根据实际需要进行左右调整，如果想重点表现东侧的内容，就将VP点设定在略靠西侧的一边，相反同理。VP点不要定在正中心，也不要太靠近基准面的边缘，大致按2:3或1:2的比例即可，示例中就是设定在了靠西约2:3的位置（如图8）。

将A、B、C、D分别连接于VP点，引出四条线段w、x、y、z（如图9）。

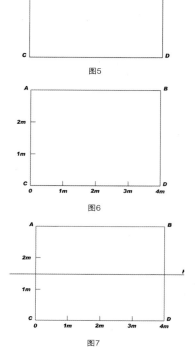

图5

图6

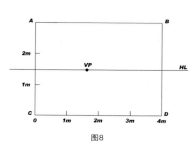

图7

图8

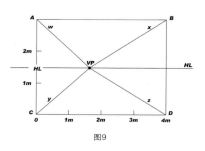

图9

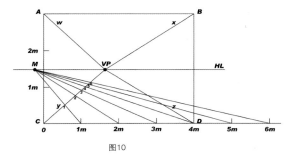

图10

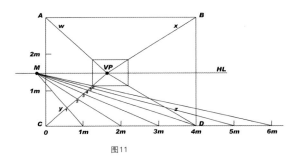

图11

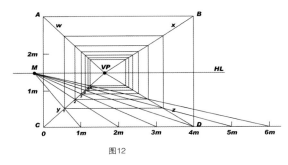

图12

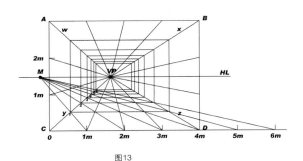

图13

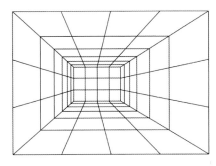

图14

步骤三

在基准面以外的HL线上确定测点（以下称M点），注意M点的位置要靠近基准面的边缘。

在平面图上所显示的完整的进深尺度是6m，因此，我们将CD线延长，并添加5m、6m的单位标记，将M点分别连接于这些尺寸标记，所连接的线段在通过y线时生成了1、2、3、4、5、6六个点。这6个点就是符合透视规律的，由近向远逐渐缩小的6米进深标尺，至此，最关键的求算内容就呈现出来了（如图10）。

步骤四

接下来，从标注为6的点引垂直线和水平线分别交于w线和z线，再由交点继续引水平线与垂直线汇集于x线，由此就生成了视线终点的墙面，我们可以形象地称它为"终结面"，到这里，这个空间体的最基础透视形象就画出来了（如图11），但我们需要再进一步画出整个空间体的透视网格，所以接下来，以此类推，从1到5也按如此方法引直线进行连接（如图12）。再由基准面上的各个单位标记向VP点引直线，交于终结面，这样，一个完整的平行透视框架便生成了（如图13～14）。

在平行透视表现的基本技法中，最根本的要领是确定带有单位尺寸标记的基准面，然后通过M点与单位标记的连接来求得进深尺度。在实际学习中，需要灵活地去理解基准面的概念。我们在示例讲解中选择南墙作为基准面，是为了最大范围地表现6米进深，但这并不意味着必须以最大进深作为表现范围。基准面是根据画面进深范围的实际需要而确定的，并不一定是个真实存在的体面，它也可以是个虚拟的框架体面。

这是一种由近向远求算进深的平行透视表现方法，根据它由外向内的方向性，我们可以形象地将其称为"内向型"画法。

外向型画法

"外向型"与"内向型"正好相反，是由远至近、由内向外的平行透视表现方法。

步骤一

将北墙作为基准面，按比例画出，随后再画上单位标记。不过这个基准面在纸张上的比例比较小（如图15）。

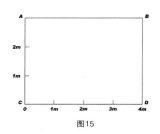

图15

步骤二

与前面的方法相同，确定HL线和VP点。所不同的是，这次要由VP点引放射线分别穿过A、B、C、D四个点，一直延伸到基准面以外直至接近纸张的边缘（如图16）。

步骤三

将CD线延长（左右均可），然后将HL线和CD线都延伸至基准面以外的部分，并按照比例在CD线的延长部分上做单位标记（以D点为起点，标记至6m）。在6m以外且接近6m标记的HL线上确定M点，然后再由M点分别引线穿过CD线延长部分的各单位标记交于z线，生成交点1、2、3、4、5、6（如图17）。

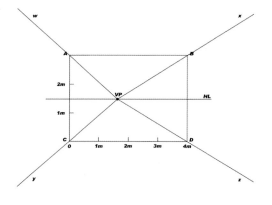

图16

步骤四

用与前面完全相同的方法，分别引水平线与垂直线生成透视框架（如图18～19）。

两种方法的原理和步骤是完全相同的，区别只在于基准面与终结面的互换。这两种方法有很多形象化的简称，如"近透"与"远透"、"前透"与"后透"、"内透"与"外透"等等。

综合比较而言，前者更为简便快捷，而后者在确定基准面比例大小方面往往凭感觉和经验估计，容易画得过大或过小，需要熟练掌握。但从最终效果上看，后者比前者又略显生动一些，可谓是各有利弊。在实际表现中，对这两种方法的选择还是跟据个人的掌握程度和表现习惯而定。

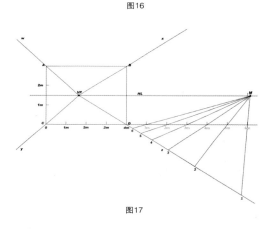

图17

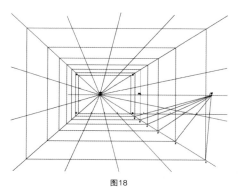

图18

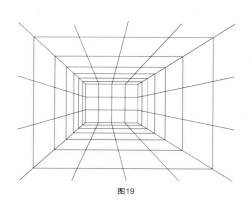

图19

值得注意的是，在平行透视框架中只有三种类型的线——放射线、垂直线和水平线。其中放射线全部来自于VP点，属于独立的体系，而垂直线和水平线属于具有相互依据关系的另一体系。由于垂直线和水平线在画面中相对于同类线条都是绝对平行的关系，所以这种方法才被称为"平行透视"。

在平行透视框架初期练习时，如果发现画面中出现了与这三种线不符的特殊角度的线条，那么就应该好好检查一下，这很有可能是表现中不经意的求算或连接错误。

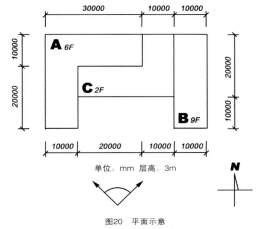

图20 平面示意

下面我们虚拟一个体块化的建筑，看看用平行透视从外部表现建筑体块的应用。

为了便于理解，我们先来说明一下所给平面图（如图20）的要求：图中的A、B、C代表建筑形式的体块，上面标示的数字+F代表建筑物层数，层高为3m。由此，我们可以计算出A、B、C各自的高度，图下方的"V"形符号代表所要进行透视表现的视角（如图21~26）。

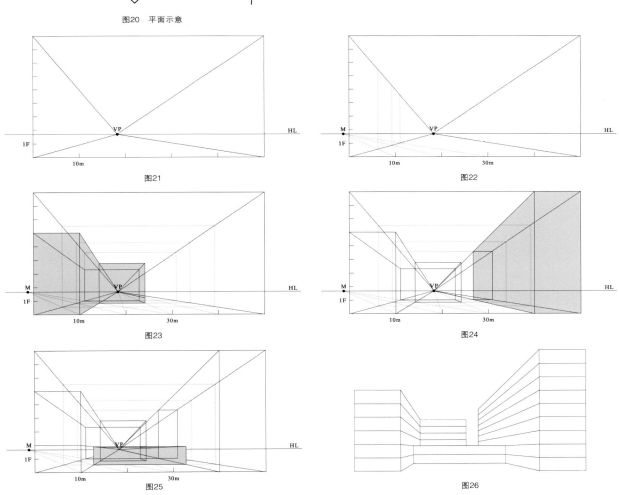

图21

图22

图23

图24

图25

图26

平行透视的推算方法比较简单，所以表现速度比较快而且不容易出错，是简便易学的一种透视表现方法，它适合建筑、景观和室内设计等多种场景表现。但通过上面这个示例我们也发现它的画面略显呆板，缺乏生动感等，这是因为它比较绝对化的平行关系不符合人眼的真实视觉感受，这是平行透视的主要缺点。因此在实际表现中要根据具体情况，而不能因为简便一味地使用。

在我们刚刚接触透视表现时，对它的理解也需要一个适应的过程，尤其是基准面、HL线、VP点和M点这几个关键要素的概念，如果不理解它们之间的关系就很容易在表现中造成混乱，颠倒步骤次序，而且遇到稍微再复杂一些的内容时，就更会一筹莫展，也就谈不上熟练灵活地把握和运用了。所以在学习开始，我们就应该把注意力放在对透视原理的理解上，不能死记硬背示例中的步骤，只有将透视的原理吃透才能在实际表现中运用自如，这也是在我们后面的透视学习中要树立的重要意识和能够操作运用自如的保障。

3 成角透视

成角透视又称为"两点透视"，顾名思义，它有两个灭点。由于具有这个特征，以成角透视表现出来的画面更加真实生动，较平行透视表现而言，效果更佳，更贴近人的实际视觉感受。从学习的角度来说，成角透视比平行透视复杂一些。在前面的平行透视学习中，我们已经了解了基准面、HL线、VP点、M点的性质和作用，在这一节中对成角透视的生成步骤和原理就不难理解了。

下面，我们仍然使用前面的示例，来分步骤讲解成角透视的基本原理（如图27）。但这次我们把视角设定在空间体外部的西南角，待完成透视表现后大家就会明白这么做的意义了。

步骤一

在所用纸张的中间部位画一条水平线，并延伸至纸外（可以在所用纸张下面铺垫一张大纸），这就是HL线。再由这条水平线的中心点O向下画一条垂直线，这是视中线，也同样延伸至纸外（如图28）。

步骤二

选择由O点到纸张边缘的最大距离（如纸张的右下角），再以这个距离的两倍长度在视中线的延长部分上定点（以下称S点）（如图29）。

由S点向HL线两端分别引直线，两线之间的夹角为90°，也就是与平面图中南墙和西墙之间夹角度数一致，生成的左右两个交点就是灭点VP1和VP2（如图30）。

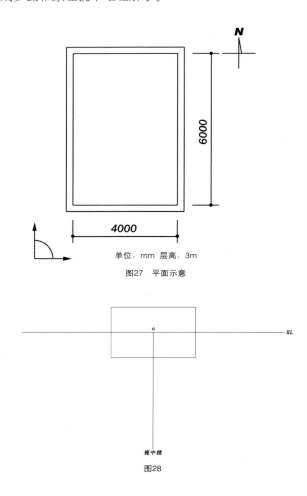

单位：mm 层高：3m

图27 平面示意

视中线

图28

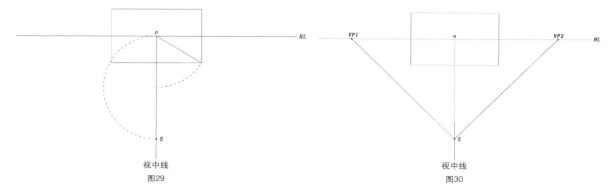

图29　　　　　　　　　　　　　图30

注：在这里我们所引的这两条线与视中线都是45°的关系，所以在图中两个灭点是对称的，在实际表现中只要确保夹角度数和为90°，那么两个灭点与之间的O点距离关系是完全可以根据情况左右调节的。

步骤三

根据视角要求，我们将南墙与西墙的共享边线作为真高线，仍以1.5m作为视平线高度，并作出尺寸标记，同样以1m为单位。然后将真高线的上下两端分别与ＶＰ1和ＶＰ2相连，生成线段w、x、y、z（如图31）。

步骤四

分别以ＶＰ1和ＶＰ2为圆心，以ＶＰ1（或ＶＰ2）到S点的距离为半径，在ＨＬ上生成两个测点M1和M（如图32）。

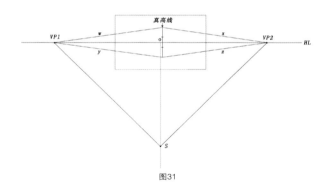

图31

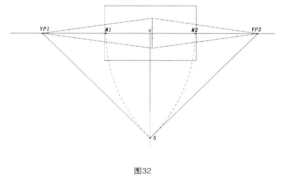

图32

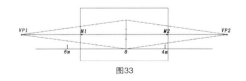

图33

在"真高线"的下端点画一条水平线作为测线，这是代表地面的基准线。再以这个端点为中心，将西墙与南墙的实际宽度分别标在这条测线的两侧，并注意标尺比例要与真高线的比例相同（如图33）。

从注明的左下端点向M2点引直线，与y线的交点就是透视中西墙的实际纵深点位。再由此点向上引垂直线交于w线，这条垂直线就是西墙与北墙的交接线，由此便可得出西墙。接下来用同样方法画出东南角边线，以确立出南墙（如图34）。

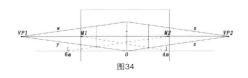

图34

步骤五

　　将西墙外边线的上下两个端点与VP2相连，南墙外边线与VP1相连。再把这四条连接线产生的上下两个交叉点相连，这样，一个内外透明的建筑基础框架就表现出来了（如图35）。

　　跟前面的平行透视一样，接下来我们还要在这个粗略的框架上细化出更具体的透视网格。先在测线上画出详细的单位尺寸标记，接着以真高线为界，将左侧的标记与VP2相连，与y线生成交点1、2、3、4、5。然后再由这五个点分别向上引垂直线至w线，再将这些垂直线的上下两端与VP2点相连，最后进行上下垂直对位连接（如图36～37）。

　　将真高线右侧的标记按同样的方法进行连接（如图38）。

　　将真高线上的标记分别与VP1点和VP2点连接（如图39）。

　　将生成于西墙和南墙上的交点分别连接于VP1和VP2。这样，一个完整的成角透视网格框架就画出来了（如图40）。

　　将这个框架的顶部去掉，就可以用来表现室外环境。如果要用来表现室内空间，则去除西墙和南墙即可。现在大家应该明白为什么将表现视角设定在空间体的外部了。这个表现结果既可以作为一个完整的建筑，也可以拆解成为室内的空间载体，说明成角透视对各种场景形式广泛的适合性（如图41～42）。

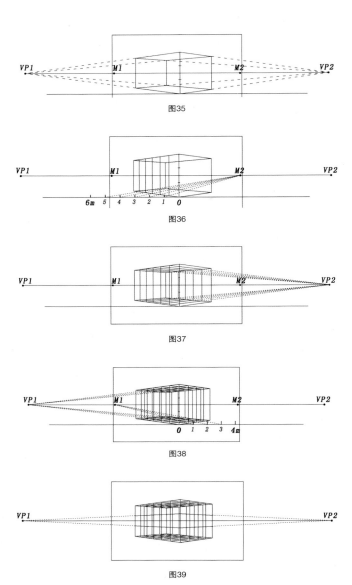

图35

图36

图37

图38

图39

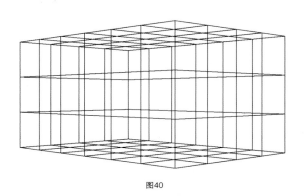

图40

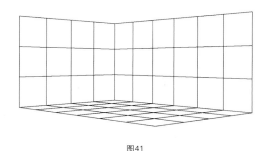

图41

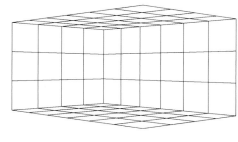

图42

以上的成角透视技法步骤看似非常复杂，其实它还是围绕着透视的基本规律（基准面、HL线、VP点和M点的基本概念和相互关系）来表现的。

下面提示一些需要注意的问题：

·成角透视与平行透视的主要区别是：除HL线和可能与之重合的线之外，没有绝对的水平线，也就是说，在画面中不变形的只有垂直线，其他任何线条都要追随相应方向的灭点消失。

·人的双眼重合视域约为120°，单眼舒适视域约为60°。在示例中，S点到O点之间的距离就是为了表现合理的视域效果而确定的。如果将距离缩短，那么"真高线"的比例也要随之缩小，否则会产生明显的透视变形效果。

·在示例中两个VP点与S点到O点之间的距离都是相同的，而在实际表现中，根据体面表现的侧重需求不同，它们之间的距离也是可变的。只要将VP1、VP2与S点的夹角与平面图中两个体面的夹角度数保持一致，就可以根据需要进行任意调节。

·在VP点和M点之间的求算过程会面对很多错综复杂的线，它们会严重干扰视觉判断。所以在表现中我们应该注意画线的力度，不要把所有线都画得一样重。为了避免与辅助线混淆，可以把大致确定了的实物轮廓线稍微画重一些，待彻底完成后再将其勾实，但有些引线只是为了确定交点，可以省略。

·哪些线引向VP1和M1，而哪些又是引向VP2和M2，这是很容易混淆的环节。在示例中，从平面图上看，东、西两墙是平行关系，而它们与相互平行的南、北墙是90°的直角关系，因此我们可以将两组墙体视为"对立"的关系，从而寻找各自的VP点，这样就可以通过平面图中的平行关系来进行归类，同类引向同一VP点即可。

·向M点引线的分类也很简单，只要养成习惯，总以真高线为中心界线，以左右的尺寸标记分类，向各自相反方向的M点引线，形成X交叉的动势就不会出错了。

·在确定真高线时要事先考虑左右空余，不然就有可能会出现画面左右失衡的情况。如果出现这种情况，可以用新的纸张将画好的透视拓到合适的位置上，这样可以省略很多繁杂的引线，使画面整洁清晰。

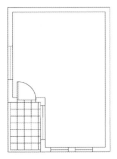

图43　平面和立面示意

下面我们仍以这个示例为基础，添加一些内容，略微改变一下外形，来进行具体化的示范表现（如图43）。

平面图上添加了窗户和门，西南角方格示意的部分是阳台，在增加的立面图中还体现了门、窗和护栏的高度、样式及简单的外墙装饰分割线。在这个示例中，我们将表现的角度略微转动一些，以此与前面的示例进行对比，使大家能够体会VP点左右的关系调节后所带来的效果变化（如图44～55）。

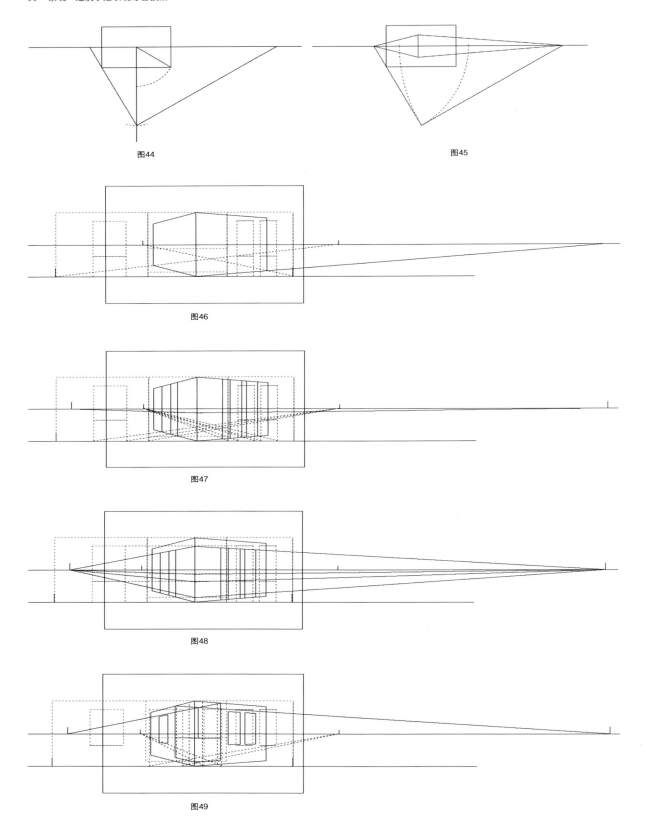

图44

图45

图46

图47

图48

图49

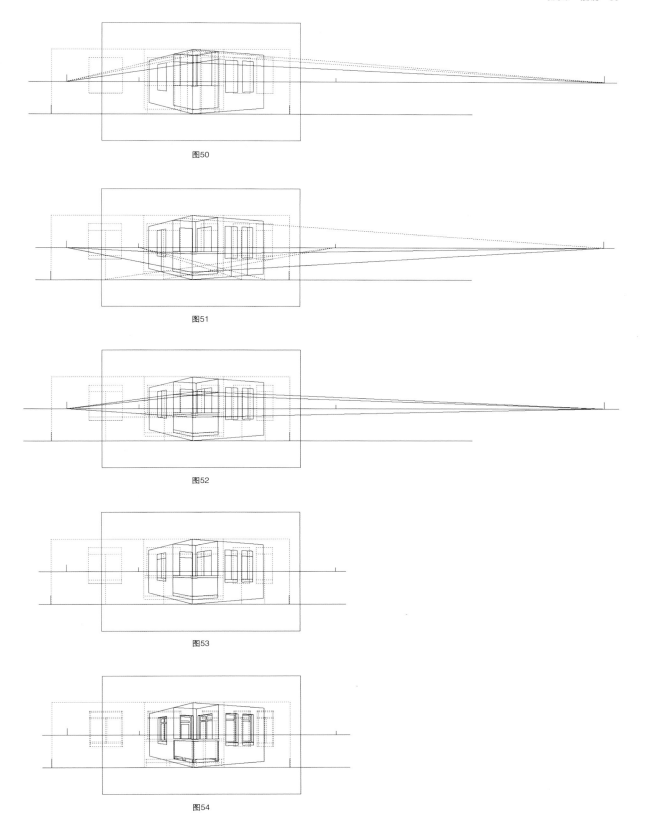

图50

图51

图52

图53

图54

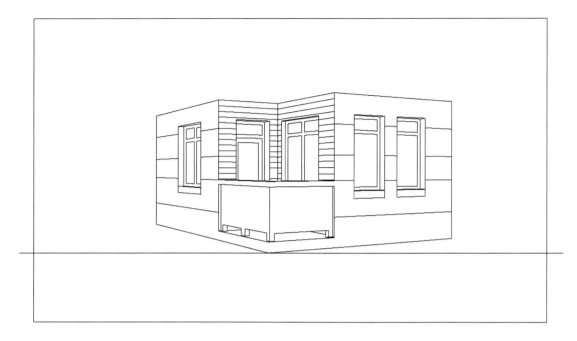

图55

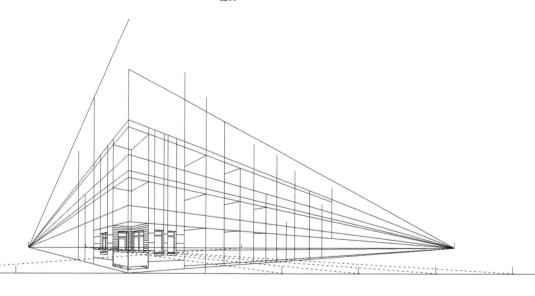

图56

以上示例中所画出来的实物透视很像建筑中的一部分，我们可将它作为首层，在上面添加两层（如图56），就更接近于实际的建筑透视表现效果了。

成角透视是一种视觉效果和表现力较强的透视表现形式，它所生成的画面非常生动，这是平行透视所不及的。但是成角透视也有其自身的劣势：一是表现过程繁琐复杂，容易出错；二是画面视觉感易变形，容易产生较为明显的"广角"效果，尤其是近处的景物变形更为明显。

4 简易成角透视

在前面的学习中，我们看到平行透视和成角透视各有优点和缺陷，在两者的基础上，我们再介绍一种汇集了它们各自优势的透视方法，这就是简易成角透视。

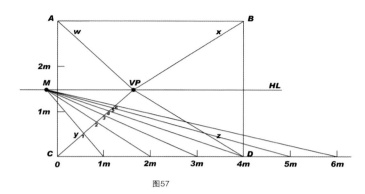

图57

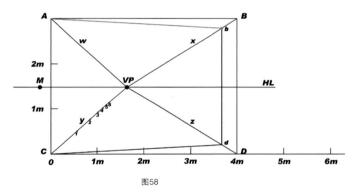

图58

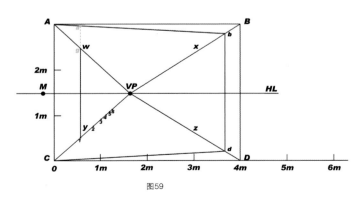

图59

简易成角透视又称为"一点变两点透视"，它不是一种独立的基本透视表现方法，依据其特征可以将其归类于成角透视，但简易成角透视只体现成角透视的效果，而具体求算方法却与平行透视有不少"共享"之处，因此简易成角透视应该说是以平行透视为基础，又具有一定的成角透视效果，带有折中性的"变种"透视。简易成角透视消除了平行透视的呆板生硬与成角透视变形明显的缺陷，能使画面效果生动而明了，在实际表现中比前两种方法更为出色，使用面也非常广泛。

从它的别称"一点变两点"可以感觉到，这种透视画法的核心就是其中这个"变"字。如何让一点"变"成两点，下面我们就来讲解它的奥秘之所在。

步骤一

首先我们来重复一下平行透视方法的前几个步骤，直到测量完进深尺度这一步（如图57）。

步骤二

由A引出一条任意角度的直线至线段x，生成b点，由b向下引垂直线至线段z，生成d点，再从d引直线至C。通过这个过程画面产生了一个梯形(A-b-d-C)，这个梯形实际上是一个新的基准面，不过它的其中三个边已经变形，所以它已经失去了作为基准的意义，而惟一没有变形的就是AC，所以AC实际上就成了"真高线"，这说明一点透视已经开始向成角透视进化了（如图58）。

步骤三

下面我们就要来求算进深了。从线段y上的1米进深标注点引垂直线穿过线段w，在VPA线上生成交点g，并与Ab线交于a点（如图59），将此点与VP点相连。由b点引水平线与VPa线相交，产生交点c。由c点作垂直线交于线段w，从所生成的交点引水平线到达bd线，生成交点e。连接e点与g点，从eg线与线段x的交点作垂直线至z线，将新产生的交点与y线上的标注1相连，由此，就完成了一个完整的1米进深的表现（如图60~62）。

接下来采用上述方法依次对 2、3、4、5、6米的进深进行表现，最终完成一个与平行透视很近似的进深套框框架。

在图面上看，可以看到每一个套框都是变形的，并且让人很容易误以为每个套框之间都是平行关系，这是由于我们起初定的基准面变形程度较小，所以在图面上看所有套框似乎都是一样的，只是大小不同的原因。其实每一个套框都是不同的，越小（越远）的套框变形程度越小，变形程度最小的是最远处的终结面（如图63）。

步骤四

最后画出纵深关系，构成完整的透视网格框架。从AB、AC、BD、CD上画好的单位标记分别向VP引线，并在"终结面"上将所生成的交点进行对位连接，最后将AbdC之外的线擦除，就完成了这个简易成角透视表现（如图64～65）。

对于这个表现过程，我们关键是要理解并记住其中的一些要点和环节，以便更加明确这种简易成角透视的表现特征。

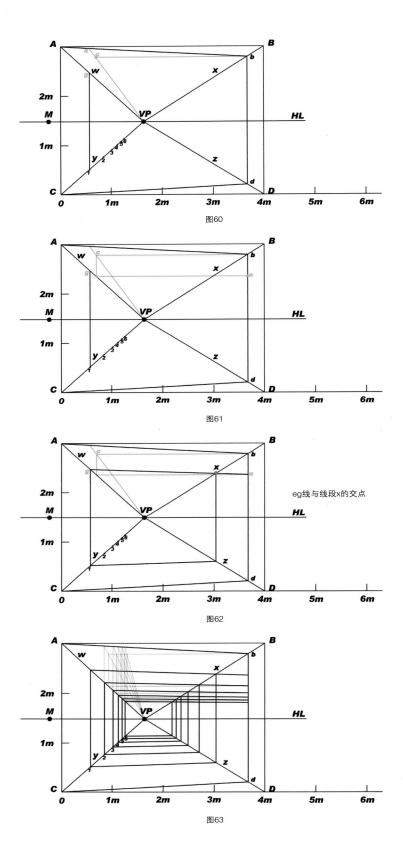

图60

图61

eg线与线段x的交点

图62

图63

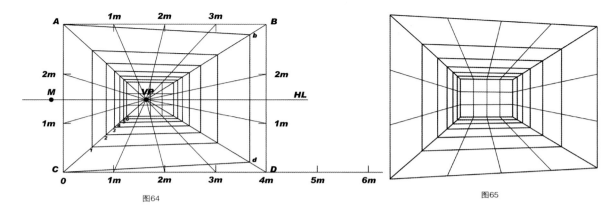

图64

图65

· 简易成角透视是建立在平行透视的基础上的，因为它的透视求算来自于平行透视，而成角透视是它的效果体现。在表现方法上，虽然基准面发生了变形并随之带来了新的进深求算方式，但纵深求算仍然是以变形前的单位标记为基准向VP引线的，这一点与在平行透视中的处理方法完全相同；此外在整个表现过程中始终只有一个M点，这个M点也一直以平行透视的角色发挥其作用，先确定的进深点是后面进深求算的条件和根据。这些都是简易成角透视以平行透视为基础的特征体现，证明了两者的紧密关系。因此在整个表现过程中，要紧紧地把握平行透视的原理和规律，而不要将成角透视学习中的方法步骤混同进来。

· Ab线的产生是透视开始进化的第一步，也是最关键的环节。如果将这条线延长与HL相交，得到的交点实际上就是VP2，但我们实际上并没有把VP2点画出来，它始终是"隐形"的，我们仅仅是通过Ab线的倾斜证明了它的存在，而并不需要为VP2点去做任何引线求算，因此它的具体位置也不重要，这就是"简易"之所在。

· 虽然引出的Ab线角度是"任意"定的，但应该考虑到这条线的角度越倾斜，两个VP点离得越近，画面透视变形就越严重。简易成角透视主要是为了让平行透视看起来像成角透视而已，而不能把成角透视变形的缺陷带过来，因此，这环节中的"任意"就应该适度，根据实际表现的经验，建议这条线的倾斜角度设定为10°～15°之间。

· 在简易成角透视中，VP点和M点的作用与平行透视是一致的，但是需要说明的是：在平行透视中，VP点的左右位置关系可以根据表现意向而任意确定，M点更是在左在右均可，两者互不干涉，因为所求算出来的进深线都是互相平行的；而在简易成角透视中，VP点、M点及线Ab的起点都必须位于同一侧。

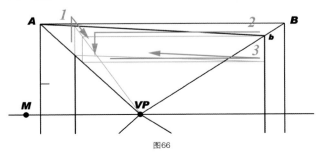

图66

比如：在示例中VP点位于左侧，M点和线Ab的起点也同在左侧，这一侧始终保持最初的平行透视状态而不发生任何变化。

此外，对于很多学习者来说，简易成角的表现过程仍比较复杂，尤其是进深求算，要经过反复周折才能得到一个进深尺度，很难记住这个复杂的步骤。我们可以通过对其动态顺序的形象记忆来理清这个步骤（如图66）。

下面我们换一个示例，做一个建筑体块的表现。大家也可以根据平面图自己动手来尝试一下简易成角透视的表现过程，而后再来对照下面的示范图解，看看步骤和结果是否正确合理（如图67~74）。

在实际表现中，有些场景使用平行透视表现显得平淡呆板，用成角透视又有些夸张且难度较高，在这种情况下简易成角透视是最适合的选择。简易成角透视的主旨就是为使平行透视的表现生动化。

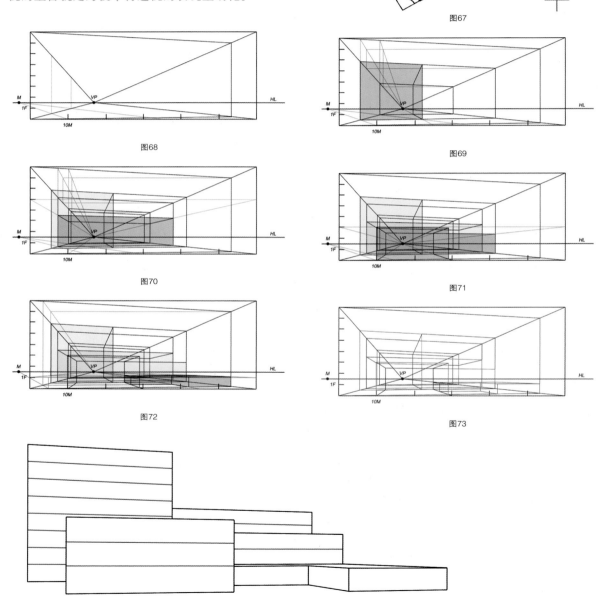

图67

图68

图69

图70

图71

图72

图73

图74

5 透视的实际应用

手绘表现的速度和效率是非常重要的，我们不能将大量时间都花费在繁琐的透视求算上。透视的作用主要是控制和检验画面，保障画面不出现明显的视觉矛盾。所以，为了提高表现速度和效率，在实际表现中的求算其实是简化的，甚至有时可能会完全脱离求算，也就是通常说的"凭感觉画透视"，这当然是最佳状态，是每一个学习者都期望达到的"境界"。要想实现这一点，就需要有扎实的透视原理把握能力和较强的适应性，同时能大胆地运用自己的感觉，并能借助一些简便实用的方法和技巧。

在接下来的部分，我们就围绕这个目的来讲解一些更加实用且简单快捷的透视求算方法，其中也包括脱离求算的"捷径"。

简化进深求算

不管是哪一种透视画法，逐一地对点连接来求得进深框架线都是比较麻烦的，不仅耗时而且很容易出错，所以我们可以采用"对角线方法"。

"对角线方法"是在任意墙面上画出对角线，交叉点就是实际空间中的中心点，穿过这个中心点画出垂直线或水平线——即中心分割线。按此方式在被分割的两个面上再进行同样方法的分割，这样就得到了四等分的进深尺度，如果需要更具体的进深尺度就依此方法继续细分（如图72～77）。

利用这种"对角线方法"，我们就可以脱离前面示例讲解中复杂的进深连线求算，按以下的步骤即可得到同样的结果（如图78～85）。

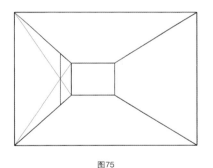

图75

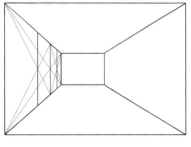

图76

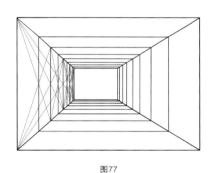

图77

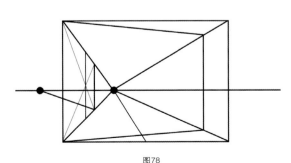

图78

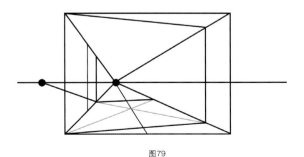

图79

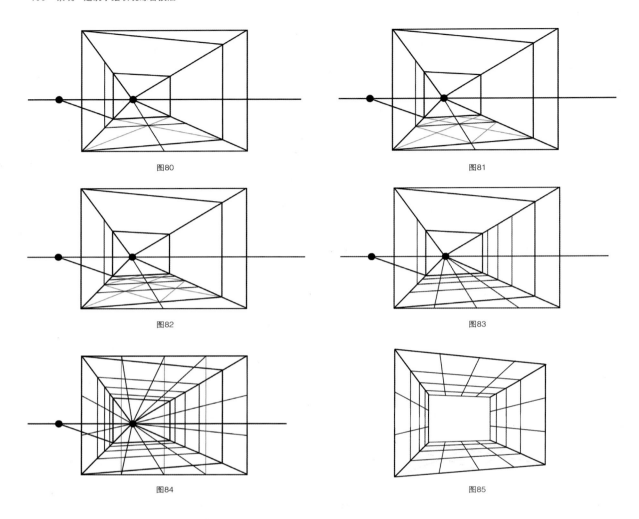

图80

图81

图82

图83

图84

图85

这种用对角线进行均等分割的方法同样可以用于成角透视表现（如图86），它为我们的透视进深框架
求算带来了最大的便利，在实际的手绘表现中非常实用。

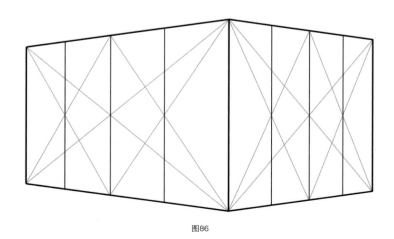

图86

运用透视网格框架

在手绘画面中并不是每一个物体都要进行逐一求算的，实际上它们都是以透视网格框架为参照的，通过网格控制尺度并找到它们在透视进深中的落位点，而它们的具体形态只要大致符合透视原则和规律即可，所以灵活地利用透视网格框架是非常必要的。

我们用下面的示例来讲解平面图中的具体内容是如何在透视网格框架中表现的，只需要选择一个比例。首先需要说明的是：在前面的技法讲解中，所画的网格都是以1米为单位，而在具体画面表现中，是根据实际情况任意设定这个单元格的尺度的。在这个示例中，我们根据图纸尺度及所要画的物体体量，将单元格设定为3米，然后用简单的平行透视来表现（如图87）。

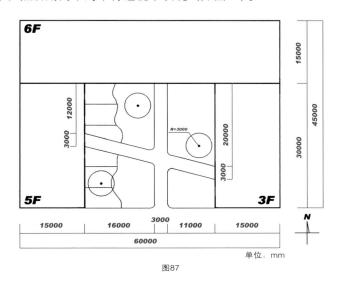

图87

我们先根据图纸画好最基本的建筑体块，这样画面的大体透视关系就形成了，这时按照3米的尺度将网格画好（如图88～89）。

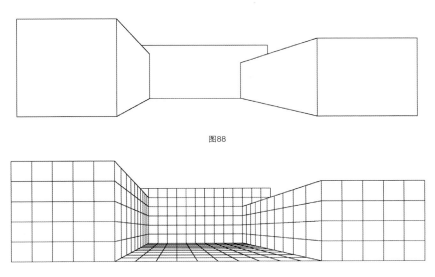

图88

图89

　　接着来画路，在平面图中显示纵向的路与左边建筑的距离是16m，距右边的建筑11m，路宽3m。我们在地面位置上从右边数至最近处的第四个透视网格，目测大致的三分之二位置处向ＶＰ引出直线，路的右边线就画好了。随后按照同样的道理画出左边的线（如图90～91）。

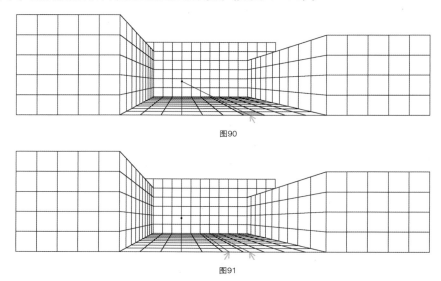

图90

图91

　　前面交叉的横向路在平面图中显示是一条倾斜的路，我们先在平面图中由南向北测量这条路的南边线左右两个端点的位置尺寸，得到左边12m及右边20m的数据，然后在对应的透视网格中目测两点各自的位置，并将其连接，接着按照同样的方法画出北边的线就可以了（如图92）。

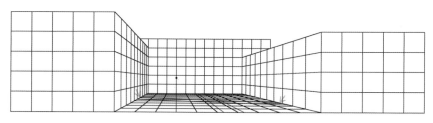

图92

　　按平面图中标示的树木的具体位置，同样通过相对应的地面网格来目测树根的大体位置。树干的高度是通过旁边建筑的透视网格线来比较衡量的，而树冠则要将其理解为是一个正方体，并按透视规则体现，它的大小是依据其直径在对应地面网格中的位置得来的（如图93）。

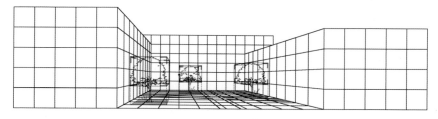

图93

　　还有一个自由曲线形态的绿地，看似比较繁琐，其实只要先在平面图中标出这条曲线上几个起伏明显的点，然后在对应的网格上定位，并用曲线相连，这样就完成了。按照此方法，画面中的人和其他内容的位置、比例很容易就可以表现出来了（如图94～98）。

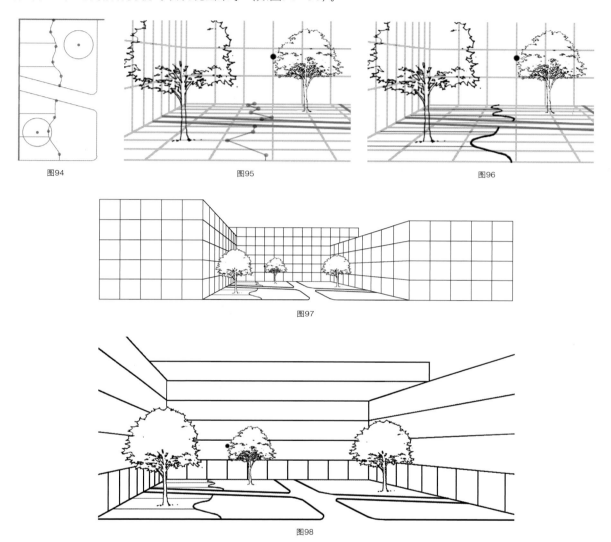

图94　　　　　　　　　　　　　　　　图95　　　　　　　　　　　　　　　　图96

图97

图98

　　这种利用网格进行对点表现的方法是很实用的，其中很多细节都可以靠目测来把握，看起来似乎缺乏精确度，但是应该明白，手绘表现的是场景效果，而不是绝对精确的制图。我们在起始阶段所制定的透视框架已经为表现内容提供了基本位置关系和体量尺度的参照，在一个单元网格中的目测误差是可以接受的，因为单元格的尺度使目测误差被限定在了一定的范围之内，所以不会十分明显，特别是位于较远处单元网格中的内容，往往会被透视压得很扁，其中的物体是无法精确定位的。总之，所画的内容看上去没有明显的尺度和位置错误就可以了。

　　通过上述方法，大家可以看到透视网格框架的作用是为了尽量减少求算，从而大幅提高画面表现的速度和效率，是摆脱透视束缚、走向高层次自由表现的开端和基础，它锻炼的是对透视求算更放松的心态及控制画面的自信心。随着训练的积累，大家也许会发现自己所制定的网格尺度越来越大了，这种现象表明视觉把握进深尺度和位置关系的熟练度在逐渐提高，最终的目的是脱离透视网格框架的辅助。

成角透视的快速表现

成角透视比平行透视的表现难度大，很多学习者总是试图回避，主要因为它的求算相对复杂且很容易画错，特别是两个VP点和M点比较难把握，辅助连线经常被混淆，有时候仅仅是画一个成角透视框架就要多花费很多时间，而且往往是还没添加具体内容，画面就已经变成"蜘蛛网"了。对此我们要明确一点：学习它的原理是必须的，但实际表现时不要去刻板地理解和应用。

成角透视很最适合表现建筑，特别是单体建筑，在实际应用中，我们要有针对性地对其进行简化。根据平面和立面的尺寸，我们可以大胆地画一个成角效果的"建筑盒子"，不做任何求算（如图99～图103）。

这个看起来似乎太过随意了，其实不然，大家注意观察一下其中的简单规则（如图104～图106）。

1. 手绘表现一般都是以人的平均身高（1.7m标准）来设定视平线高度的，建筑表现也不例外。对于人的尺度来说，建筑是一个庞然大物，仰视效果突出，所以手绘表现建筑的时候需要拉开一个适合的距离，在这样的透视景深中，建筑脚下的消失线角度就会非常小，已接近于水平，而且在实际画面中，建筑的下部往往会被植物和其他配景所遮挡，在这种实际的情况下，原本应该分别向左右VP消失的两条建筑底边线的倾斜角度是可以忽略不计的，直接画成一条水平线即可。

2. 如果按正规的透视求算，哪边的线高就说明观察角度偏向于哪个面。我们把两侧边线画成相同高度就是为求观察角度的大致均衡，同时也使画面及透视效果显得平衡、稳定，这种均衡平稳的视觉效果对于一个单体建筑表现来说比较恰当适宜。

3. 上边的两条消失线之间的夹角应该大于90°，如果过小，就说明观察点距离建筑非常近，不符合前面谈到的拉开景深距离的原则，而且很容易产生一定的透视变形，其稳定感也会随之减弱。当然，这个夹角度数也不能过大，度数越大说明视平线越高，又会脱离人的正常视高，无法突出建筑的宏伟气势。

4. 关于尺度比例关系的调整是我们运用前面章节所讲过的观察方法来进行比较的。这时，真高线还是照样发挥作用，用真高线做标尺来比较两条消失线与它的比例关系（当然，在透视中这么比原则上是不可以的，但是根据"近大远小"的规律，可以作为视觉比较的依据），真高线在消失线上所对应的同等长度要缩短一些，缩短多少与消失速度、消失线的倾斜度有关，消失的越快，缩的越多。这种视觉比较的能力是需要锻炼的，如果觉得没有把握，可以使用对角线方法画出中线，再用一半的长度来与真高线比较。

这几个道理说明这种不需要算成角的透视表现其实也不随意，它的使用是具有一定原则性的，需要熟练掌握透视规律。

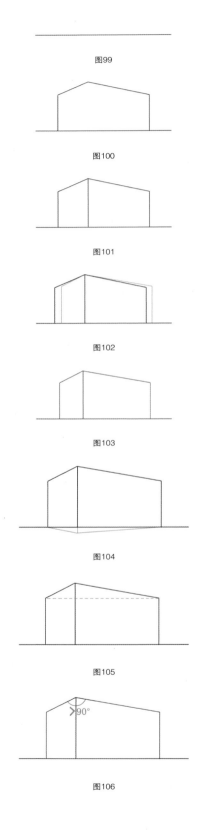

图99

图100

图101

图102

图103

图104

图105

图106

让简易成角透视更简易

简易成角透视在实际表现中的使用率比较高，但求算过程也不简单，对于它的效果，我们不能呆板、机械地去套用，只要抓住它的特征和规律就能够脱离复杂的求算，使简易成角透视更简易。

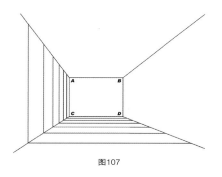

图107

下面我们来介绍让简易成角透视更简易的表现方法：

用前面讲过的外向型平行透视画法画出大体框架（如图107）。但在这里要注意的是，我们需要将视平线降低一些。

将左边最远的1米进深点与基准面的D点连接，左边2m进深点连接右边的1m进深刻度，3m连接2m……依次连接下去（如图108）。

将原来的基准面和平行进深线擦掉，看看效果，与求算出来的结果大致相同（如图109～110）。

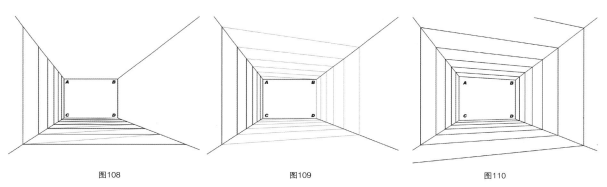

图108   图109   图110

在简易成角透视求算中，Ａb线（见前文：简易成角透视步骤2）的倾斜度是自定的，也就是说体现成角透视效果的程度是自己决定的。我们把1m进深尺度作为基准面变形程度的标准，等于舍弃了1m进深，只要在近处补回来就可以了。选择1m的进深来变形也是因为这根进深线离基准面最近，所以倾斜度不大，这样基准面变形程度也就不会太明显。

这样错位连接方式很容易使画出来的结果看上去有些倾斜过度，从而失去正常视觉真实感，我们事先降低视平线的高度就是为了避免这个问题，使地面进深的倾斜度尽量小一些，线就看起来更平缓、自然，将这种"强行"变形自然而然地转化为轻微的仰视效果，可使画面更接近于真实的视觉感受。

既然我们已经抓住了简易成角透视的效果特征，那我们就可以更放松地一些去表现它。

把基准面直接画成预想的变形程度，宽、高比例关系大致正确就可以了（如图111）。

再画好HL、VP和消失线，确定M，求得进深刻度并画好垂直进深线（如图112）。

从1m垂直进深线的下端（或上端）直接引地面的进深线，以基准面的底线为参照略倾斜角度微微大一点就可以了，接下来画的2m进深线再比1m的略微倾斜一点，按照这个规律依次画下去（如图113～114）。

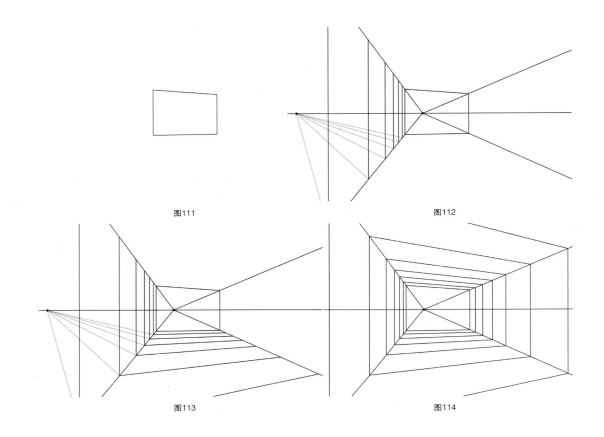

图111   图112

图113   图114

    这些进深线是目测出来的，这么做的前提是把握住了它的效果规律——每根进深线的倾斜角度略微大于前面一根。当然，对于这种自由的"视觉求算"仅仅注意这一点是不够的，还要注意基准面的变形度要尽量的小，顶线和底线的倾斜度最好都不要超过20°。一般来说，顶线的倾斜度应大于底线，这是为了接近人的正常视高的观察效果。特别是在建筑和景观的表现中，这种上下倾斜度的差异会更加明显——底线几乎接近于水平，通过仰视来突出壮观的效果（如图115）。

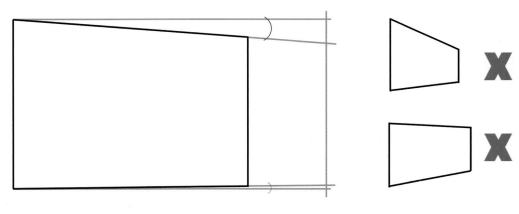

图115   上、下倾斜角度示意

　　虽然先画出了基准面的变形，但别忘记其中有一根垂直线是代表不变形的"真高线"，VP点一定是位于"真高线"较近的一侧，如果定在相反的那一侧就是原则性错误了。VP点越靠近"真高线"，倾斜角度就越大（如图116～117）。

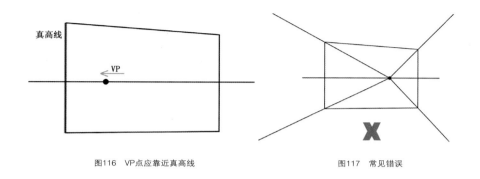

图116　VP点应靠近真高线　　　　　　　　　　　　图117　常见错误

　　此外进深线之间的倾斜度微差要依靠平行观察，只有找到平行关系才有微量倾斜的依据（如图118）。

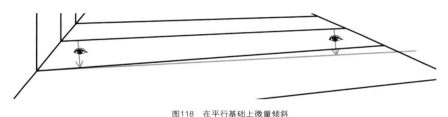

图118　在平行基础上微量倾斜

辅助表现

　　在透视表现中，有些学习者往往专注于求算，认为这样比较"保险"，其实这样反倒容易将透视画错。在繁琐的求算过程中，会不知不觉地忽略了形象思维能力的锻炼和应用，在头脑中无法树立所要表现的形体的形象。在进行透视表现之前，建议大家采用一种事先预览的方法，用轴测先将体块组合的关系大致表现出来，可以适当画得小一些，也不需要过于精确。主要目的是以此作为参考，在头脑中加深形象和空间感受，随时辅助透视表现。这是个很特殊的方法，在我们的实际教学中也非常有效，所以建议大家尝试在每次透视练习和实际表现前都画一个这样的"小形体表现图"。

　　透视的意义在于实际画面应用，理论化和步骤化的求算是不实用的，因此在手绘表现中如何简化使用透视是更实际的问题。

　　作为手绘表现的主体基础能力之一，用好透视的根本在于学会变通。透视的简易画法非常多，目的都是为了简化求算，提高表现速度和效率。但是这些简便易行的方法都是基于对透视原理的熟悉和把握，所以需要从基础的理论学习一步一步深入，逐渐适应从而实现自如应用的。重点在于透视的效果特征，在实际表现中，达到基本的透视效果并基本符合尺度关系就是目的所在，不要因"是否专业"的顾虑而牵强对待。

第 6 章　构图

很多学习者认为手绘画面的结构基础完全是依靠透视来构建的，但实际上透视是确保画面符合正常视觉效果的依据，从某种意义上可以说是校正和检验画面的手段。

真正的画面结构是由构图搭建的，构图是创作者依据方案对画面的内容进行安排，对画面布局、场景气氛、空间效果等众多关系及表现形式的总体构思，是画面整体效果体现的首要前提。构图是一个总体的概念，涵盖的内容非常多，我们可以从多方面来认识和理解构图的含义，这样才能主动灵活地调配和组织画面内容，构建理想的画面结构。

1 取景

构图最主要的先决因素是取景，取景是基本的构图意向，是对方案设计内容如何通过场景画面进行表现的构思。简单地看，取景就是选择一个最适合表达方案设计内容的视角，且这个视角的视觉效果也是较理想的，但这个看似简单的问题却使很多人伤透了脑筋，往往很难做出"最佳"的选择。其实取景没有绝对的"对"与"错"，要放松地对待。取景构思需要把握以下几个原则：

确定主题

首先，明确取景的主体概念。每一幅手绘作品都有要表现的主体内容，这个主体内容来自于方案设计，也就是主要表现对象，取景首先是构思这个主体内容的尺度与范围，以一个整体来理解主体内容才能确定一个比较适合的观察距离。这是一种比较稳妥的取景方式，可以确保主体内容的相对完整性，在初步的取景构思时不应该将注意力分散于局部。

确定视角

有了表现范围，确定了观察距离，下一步就要进行具体的视觉角度调整，这个环节首先是确定对主体内容表现的大致视角方向，这是根据方案表达意图决定的，而后就是透视表现形式的选择。在取景构思中，对于采用哪种形式的透视是很重要的，在经验不足的情况下，可以分别用平行透视与成角透视来试想场景的视觉效果并简单勾画出大致的透视框架来进行比较。但要注意的是，透视形式的选择是对视觉角度的适量调整，如果仅凭透视形式来判断取景效果是不可靠的。

杜绝面面俱到

任何场景表现都必然有一定的局限性，不可能照顾到方方面面的内容。面面俱到的取景意识是常见的错误心态和思考误区。总担心表现的不够全面，想在一个取景范围内装入尽量多的内容，这是造成选择不定的主要原因。对于一个画面一定要有明确侧重，一般就是对确定了的主题内容进行大体氛围的营造，很多周围细节会干扰主体内容在画面中的核心效果体现，应敢于简化甚至省略。所谓"有得必有失"，对于一幅手绘画面来说，这也是一个非常实际的道理。

调整密度

画面的整体视觉密度也是取景构思的一个主要方面，这种密度是针对表现内容而言的，手绘表现很注重画面的充实感。密度的调整主要依靠对构图的主观处理，这要先从方案中观察所要表现内容的集中性和连贯性，初步确定一个哪里"密"哪里"疏"的节奏控制计划。这个过程要尽量注意回避内容过度分散、密集或杂乱无序的角度，不过这还要根据实际的方案情况来客观对待。密度是相对而言的，不能为把画面尽量填满而刻意选择表现内容较多的取景角度，更不能为追求画面充实而脱离设计方案去随意编造。

合理遮挡

在取景时，为了避免主体表现内容相互重叠或出现严重的遮挡，还需要对主体内容的位置关系进行斟酌。画面内容相互遮挡是不可避免的，但在实际表现中完全可以对被遮挡内容的位置进行适当的调整，这是很正常的构图调节手段。也就是说，方案设计的内容、布局，特别是一些细节，在画面表现中都是可以做适度调节的，以保证画面效果为主，但这种调节是非常有限度的，不能与方案设计有太大出入，不可为了降低表现难度而有意制造遮挡来减少表现内容，这样会严重影响画面效果，对手绘学习和提高没有任何好处。

取景是视觉范围的体现，是构图的前奏，但并不能代替构图。取景是一种相对比较客观、现实的场景构思形式，并不添加过多的主观调配，应该以尊重方案设计为前提。在头脑中想象实际的场景效果，并把自己置身于其中，这才是真正的取景构思的实质，主要依靠的是立体形象思维的能力。

2 景深

景深是构图中一个重要的思考内容。我们前面所谈的取景范围主要是针对视域而言的，也就是说画面的横向范围，而景深所代表的是画面的纵深范围，这是另一种概念，是指从视觉出发点到画面所能表现的"尽头"之间的距离。景深往往是以视域范围的取景选择为前提，更多地取决于透视形式，因此不能作为取景和画面构成的首要构思依据。尽管如此，景深对画面效果的影响也是非常大的，因为它是对空间效果的直接体现。表面上看景深范围属于客观因素，似乎不受主观意愿的支配，但在实际表现中，景深处理的可变性往往是很大的。这两者并不矛盾，因为这是表面与内在两种理解方式，我们就是要从客观和主观这两个方面来认识和把握景深。

景深的客观体现属于景深形式的概念，是所表现内容的客观现实，主要有三种：

完全景深——这种景深形式体现的是自然消失的景深状态，并且往往是没有明显遮挡的大场景。这种景深形式的主要优势是空间纵深感比较强，一般多运用于景观场景的表现（如图1）。

图1 完全景深效果

　　封闭景深——指所表现的主体内容贯通了大部分或是大部分或是整个视域范围，使画面几乎没有景深自然消失的体现，这种景深形式多用于建筑表现（如图2）。

图2　封闭景深效果

　　主次景深——画面以主体内容表现为核心，同时也有自然消失的景深作为空间效果的陪衬，从而形成了明显的主次关系。这种景深形式是应用比较广泛的，它的特征是画面感强，视觉结构完整，主题明确，对于建筑、景观表现都很适用（如图3）。

图3　主次景深效果

　　景深的可变性可以理解为景深层次，这是对景深客观内容的主观处理，需要调动的就是主观意识了，景深层次可以分为三个层次（如图4）：

　　近景——距视线出发点最近的一个表现区域，内容多为植物和人物等配景。近景的主要作用是为画面创造细致、生动的内容表现，加强画面的细节感和精致度，同时增强空间的进深效果。实际上，近景表现中"虚拟"的成分较大，其内容与形式往往是由创作者自由摆布和发挥的，是"妆点"画面的（图中浅黄色部分），所以允许与实际方案设计有出入。

　　中景——是画面主体内容所在的区域，也是画面的核心部分。这个区域要与视线出发点保持一定的距离，对这个区域的内容表现是比较客观的，需按照方案设计的实际情况进行表现，直接体现设计内容。对中景的表现不需要像近景那样刻意地细致和深入，只要把设计意图和效果明确而清晰地体现出来就可以了（图中橙色部分）。

　　远景——主要作用是加强景深效果，同时对中景的空余进行填充封闭，使画面更加完整。远景在三个景深层次中所占的比例最小，它的表现自由度最大，"虚拟性"也最突出，往往是用大面积种植来"填充"形成一个"背景墙"。较前两者而言，远景表现是十分概括的，所以，它是一个比较含蓄的景深表现区域（图中红色部分）。

图4　景深层次示意

　　景深层次是很重要的概念，这三个景深层次的关系是需要灵活变换、相互衬托的，它的可变性是根据实际情况而定的，主要体现在三个景深层次所占画面的比重关系：中景虽然是画面的核心，但它不一定占据绝对的比重；近景与远景虽然有较强的虚拟和修饰成分，但很可能会根据实际需要而得到突出，特别是近景，这与所表现的场景性质有关。景深层次的把控能有效地体现场景空间效果，而除了调节这三个层次关系之外，在取景时还可以选择一个有贯通性的、比较突出的内容，比如道路、水流、桥梁等，它们就像隐含的线索，通过这条线索来引导视觉，是增强画面的空间进深感的有效手段和捷径（如图5～6）。

图5 利用道路、桥梁引导视觉，增强画面空间进深感

图6 利用流水引导视觉，增强画面空间进深感

3 构图比重

构图比重是主要构图形式之一。大家需要理解一个重要的概念，手绘画面结构追求的不是均衡，而是一种有轻有重、有疏有密的节奏关系，就是这种看似不平衡的结构关系才使画面产生了各种生动、自然的效果。

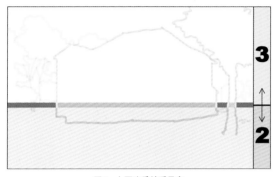

图7　上下比重关系示意

手绘表现的画面比重分配具有一定的规律。

首先是构图的上下比重关系，上下分界线就是地平线，这是我们起笔要画的第一条线。在多数建筑、景观表现中，地平线一般会设定在画面中心靠下一些的位置，上下比例关系大致为3:2（如图7）。这样比较符合人的正常视高和观察习惯，这种视觉效果特征能使画面更加具有稳定感（如图8）。

图8　纵向比重协调实例效果示意

其次是构图的左右比重，这与透视VP点所设定的位置有直接关系。通常VP点倾向于哪一侧，就要适当地增加这一侧的内容，特别是配景内容的表现密度，使比重略微倾向于这一侧，还可以将多数近景表现集中在这一侧，并略微表现体量，突出对近景的描述。对这一侧预留的幅面空间要小，让表现透视消失的另一侧所占的幅面比例稍多一些（如图9）。这种由VP点来确定左右比重关系的方法可以求得一种视觉感受的平衡，避免画面结构的倾斜或绝对均衡，同时还能为深入构图创造余地。不过这并不是一个绝对的规律，还要根据具体情况来审视（如图10）。

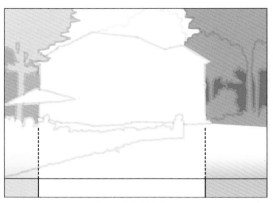

图9 左右比重关系示意

图10 横向比重协调实例效果示意

调节构图比重涉及到取景、透视、景深、表现手法等多方面的问题，因此最实际也是最需要理解、把握的是"比重平衡"。

在画面中，有时为了打破僵化的格局，我们通常会使用一些可自由添加的配景内容来进行补充，使画面内容适当分散，有整有零、有松有紧，主动组织、调配画面的节奏关系。下面图中（如图11）所表现的就是调整比重平衡的示意，其中有色的部分是在原始的比重关系基础上所添加的补充，目的是使画面达到一种含蓄的平衡。对比重平衡的理解难点就在于"平衡"两个字，我们可以把画面看作一个天平，既不能让它完全倾倒在某一侧，也不需要均等的分量，而是要让它略微倾向于一侧，形成一种"不稳定的平衡"。比重过分倾斜或者过于均衡对称，都是"失调"的表现。另外，在使用配景内容进行调整时，也要尽量采用不同的内容与形式来进行补充，如果画面非常近似（比如采用单一种类的种植），即便视觉分量有所差别，也会破坏画面比重的节奏效果，使画面呆板无味。

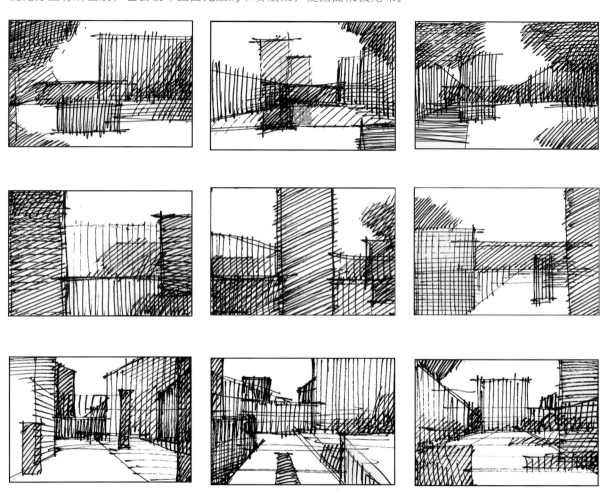

图11 调整画面比重平衡示意图

从上面的分析可以看出，与景深不同，构图比重是设定分配、调节画面结构的横向布局关系，当然这与取景概念也是不同的，它所分配调节的是画面上下和左右两个方向的比重。比重主要体现画面内容的体量和疏密，与景深处理也有直接关系，特别是对近景的安排。因为构图比重属于单纯的视觉审美问题（取景和景深都与方案设计有一定关系），所以没有绝对化的标准，上面所讲的比重分配也是一种经验性的建议，实际上它的可调节度是比较大的。在实际表现中应尽量放松对待，主要审视标准还在于视觉效果看上去是否舒服，没有明显的比例失调。

4 主线构图

景深和比重都是以块面的形式出现在画面中的，能对画面结构层次和节奏进行布置和调整。除此之外，构图还隐含着一种线性结构，也就是一个由线构成的"骨架"，这也是一个十分重要的构图概念和方法，我们称其为"主线构图"。

所谓"主线"是支撑画面结构的几条最基本的线，它们中的一些与透视有关，还有一些代表主题内容或虚拟成分（近景）。在初步构图时，可先用这几条主线来构成一个最单纯的画面结构框架，随后再在这个框架的基础上逐步添加具体内容，与此同时进行景深、比重的构思与调整（如图12～15）。

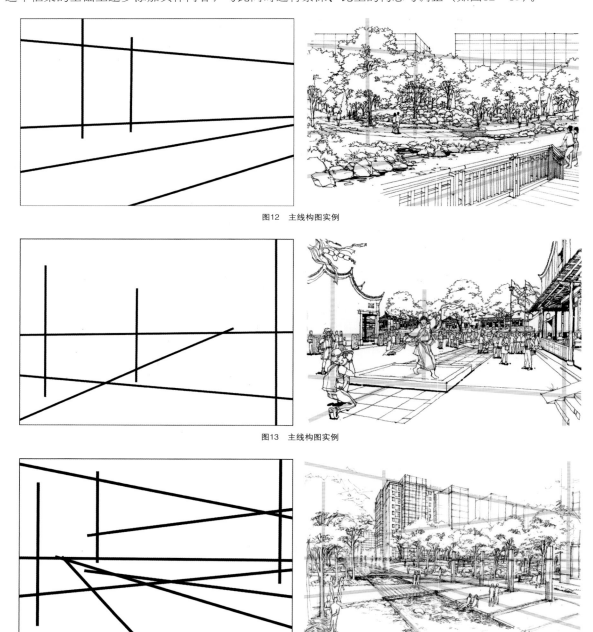

图12　主线构图实例

图13　主线构图实例

图14　主线构图实例

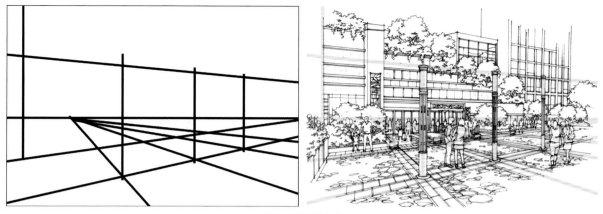

图15 主线构图实例

如图所示，大家可以看到，主线是画面隐含的结构"骨架"，画面内容就是围绕这个"骨架"进行表现的。因为构图主线所代表的是一些相应内容，所以它们不是随意的，而是经过归纳和斟酌后确定的。

第一步要做的就是审视方案平面图，分析主体内容，确立主线。

归纳主线的前提是取景，要根据取景范围内可能涉及到的内容来进行考量，由此来说，主线的归纳实际上也是取景的一种辅助思考。在平面图中，建筑、道路、水流及特定的区域等都有可能成为主线所要代表的内容，我们将这些内容进行主次分类，以重点要表现的内容或占据画面比重较大的内容作为主线的首选。

另一个主线的来源就是透视，这不是单纯的透视线，而是通过主线来表达透视的动向，因此，在归纳主线之前，应该对所要采用的透视形式有明确的思考。

第二步是将归纳的主线落实到画面上，并进行组织和调整，这是实质性的步骤，需要斟酌和试验。以透视为依据，首先要将主线在平面图中的相互关系转换到透视中，也就是"由近向远"的消失状态；审视这几条主线的方向，确保它们以充实而饱满的姿态占据画面，这是十分重要的，如果主线过于集中或方向非常近似，就必须进行调整。调整的手段是在不影响大体取景的情况下进行透视角度的调节，特别是对VP点位置的调节，必要时也可以适当调节取景的进深尺度，但尽量不要改变太多。

主线的调整可以说是构图表现中必不可少的步骤，在很大程度上这也是对透视的调整。在调整的过程中，不能受制于透视，前文中曾经讲过，在透视中，形态和各种尺度都是经过"压缩"的，不需要非常精确，所以在不影响大体的透视原则和视觉特征的前提下，主线的调节应该是尽量自由灵活的，适当的偏移、错动是完全允许的，也可以说是必需的。

在确定构图主线的同时还要仔细斟酌景深与比重。尤其是构图比重，它与主线的组织有着密切的关系，主线是立体化的思考，但画出来像是二维平面化的分割布局，所以主线之间要有一定的间距并有较为明显的方向差异，良好的主线组织都是带有一定节奏关系的；组织、调整主线的同时要照顾到比重关系的安排，特别是纵向的主线，所代表的往往是比较重要的画面内容，它们的位置预示了画面比重的侧重点，要更加认真的斟酌、比较。

主线构图是手绘表现的前期引导，注重的是感觉，体现的是画面的节奏感。从构图主线的归纳、表达到调整，整个过程也是一个酝酿构思和表现状态的过程，最需要的还是形象思维能力。在主线刚刚落实到画面上时，如果组织得当，就会马上呈现出画面的"预览"效果，这是最佳状态，也是它的价值体现。

5 常用构图形式

建筑、景观的设计方案虽然千变万化，但在手绘表现构图上还是有一定模式的，主要可以归纳为三种常见的构图形式。

向心构图

这种构图的画面特征是：主体内容非常明确，占据画面的核心位置，周围的配景以围合感和陪衬效果烘托整体画面气氛，呈现出比较明显的向心性和簇拥感。这种构图形式除了要求远、中、近三个景深层次非常明确之外，更加注重比重关系的分配和调整，在前文中所讲过的通过确定VP点来分配比重的规律就是反映在这种构图形式中的。

向心构图的应用对象多为单体建筑的表现（如图16）。

图16　向心构图

分散构图

分散构图也称"透视构图"，这种构图没有绝对固定的模式，因为它没有十分明确的主体表现，强调的是场景氛围效果的表现。分散构图的主要特征是透视进深效果比较明显，也就是强调景深的体现，要求景深层次不仅要明确，还要丰富。在画面中，尽管表现内容比较分散，但透视效果在其中发挥了主导作用，比较突出的是地面铺装和建筑分割线，这些线条能够直接体现透视进深感，从而能为画面创造出一种稳定、规则的视觉秩序。分散构图适合采用平行透视，因为它具有平稳、秩序的视觉特征，但是为了使画面增加生动感，往往要把近处的进深线略微倾斜，实际上就是采用简易成角透视的效果。

分散构图是最常用的一种构图形式，主要应用于景观表现（如图17）。

图17　分散构图

平行构图

平行构图也称"一字构图"，这种构图形式是以主体内容的横向贯通效果为主要特征，其他多数内容也呈横向展开动势，这种构图的透视消失效果通常比较缓慢，对景深的体现不明显，所以画面的整体透视效果也不是很明显，看起来就像是立面图经过了轻微的透视处理。此外，平行构图对画面比重的要求也是比较单纯化、概念化的，不需要很强的节奏感。

平行构图是针对建筑或景观设计中一些完整、连贯或需要体现连续效果的内容表现应用的（如图18）。

图18 平行构图

以上三种归纳概括了画面构图的大体形式，可应用的范围很广泛。从更实际的角度说，这三种构图形式在使用中还应该根据情况进行适当的变通，但应尽量保持好它们各自的特征，将对画面感的体现有很大作用。

6 构图小稿

通过以上对构图的讲述，大家可以看到手绘画面不是随意生成的，需要对画面结构有明确的构思和计划。构图能力是经验的积累，所以大家应该注重养成这种思考和尝试的习惯，不断提高适应性。为了加强训练，大家可以通过一种快速的表现形式来进行多种构图尝试，这就是"构图小稿"表现（如图19）。

图19 构图小稿

构图小稿是一种比草图表现还要概括的快速表现形式，它对画面内容只做最基本的描绘，甚至用最简单的几何形态来替代。构图小稿是在正式表现前对画面构图的预览，可以通过它来审视自己的取景构思，调整画面比重节奏及景深效果等方面的构想，而后确定一个相对理想的布局效果。构图小稿很少能一次到位，一般要进行多次修改和调整，所以不讲求任何用笔方法和表现形式。有时候，虽然进行了反复的修改、校正，但还是要多变换一些构图方案，因为只在一种思考模式中徘徊是不可靠的，应多画一些小稿进行相互比较才会得到更好的效果，这样不仅能够真正发挥小稿的作用，同时也可以达到训练积累的目的（如图20）。构图小稿的熟练应用对快速提高手绘意识和表现能力是十分有效的。

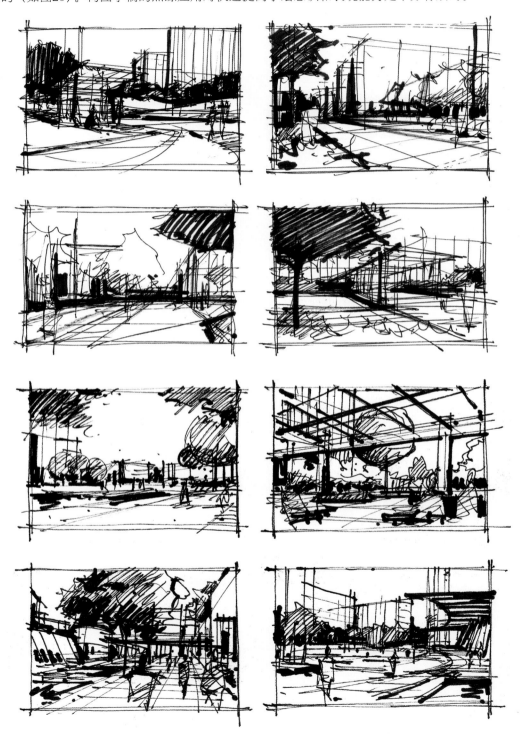

图20 构图小稿

第7章 配景

　　如果说透视是手绘画面的"骨架"，方案主体内容是"肌肉"，那么配景就是"表皮"。配景是画面构成的重要组成部分，不仅是方案内容的一部分，也是"妆点"画面的要素，可使画面更加丰富、耐看。配景表现不同于绘画，它是有一定模式的。本书中所讲授的手绘配景是针对景观画面常用的，也是生活中常见形态的组合。

1 植物

植物是配景表现中最主要最常见的内容，画面中自然形态的部分主要就是靠植物配景来体现的，所以我们首先学习手绘植物的表现。植物的形态种类极多，在手绘表现中要有选择地使用。

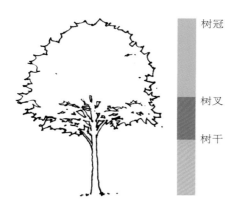

树冠

树叉

树干

图1　组成因素和相应比例示意

　　学习和应用植物表现需要先理清一个简明的类别体系，按照植物在画面中高、中、低的节奏关系，可以将其分为树、丛、地三种形态类型。

树

　　树（泛指乔木）是植物配景中首要的组成因素，也是手绘表现中最常见的配景。树的画法多种多样，在手绘表现中需突出概括性和模式化，不需要过细地描绘树种，主要在于抓住树的基本形态特征。

　　我们先来看看树的几大块构造和大致比例关系（如图1）。

　　虽然树的种类和画法繁多，但是我们总结出了一种相对标准化的树形及其画法模式来应用于手绘表现。下面我们就来分步骤画一棵这样的"普通树"（如图2~3）。

步骤一

先从树干画起，要注意粗度和长度的比例关系；树根部位略展开，主干部分要有一些自然的顿挫，以表现树节，时而略微断开，可显得生动放松，整体树干的表现效果是匀称而苗条的。

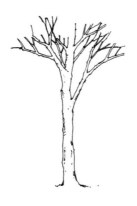

步骤二

枝杈部分是比较难掌握的，主杈不能过多，三、四根即可，但要注意上细下粗的形体收缩。主杈与分杈要有明显的粗细对比，建议分出三种以上粗度级别。整个分杈形态的角度不可太小，应该是像花开一样的伸展状态，类似先陡后缓的扩散效果。

步骤三

然后是给枝杈收尾，用前面练习过的齿轮线把画好的枝杈自然地连接起来，不一定非要沿着枝杈外形去画，关键是要注意这条连线的轮廓，要具有上下起伏的自然节奏变化。

图2　"普通树"的表现步骤

用齿轮线画出树冠的外轮廓，注意上窄下宽的形态
特征及线条的起伏节奏变化

图3　"普通树"完整效果

偏梯形的形态（适合中型树表现）　　　等边三角形的形态（适合小型树表现）

偏长的等腰三角形的形态　　　　　葫芦形态（适合大型树表现）

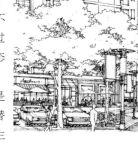

图4　"普通树"常用形态

　　这棵普通形态的树是经归纳总结出来的一个折中的树形，可以通用于各种画面中，不过它不是一成不变的，特别是树冠，我们还可以通过这种"普通树"形态演变出几种常见的树冠形态（如图4）。这几种树冠形态都是以刚才的"普通树"为基础的，形体特征的表现仍然是模式化的，但是当它们以"高、矮、胖、瘦"的不同形态灵活交替地出现在画面中时，就可以为场景表现增添许多生动自然的效果（如图5）。

图5　普通树的不同形态表现

在树的表现过程中，画好树冠是最重要的，因为它在画面中所占的比例最大，视觉效果也最突出。对树冠的表现不能是简单而随意的，需要对其有很好的理解，并且还要按照一定的章法来进行训练，应注意以下几点：

不规则的节奏

画好树冠的关键在于外轮廓的表现，要注意自然曲折、富于变化，并要有意塑造出不规则的动感节奏，即便是非常规则的形态，也要将其处理成为进退起伏的自然节奏（如图6）。

几何形的变化

上面列举的几种常用树冠虽然都是简单的几何形态，但仅仅是大致的形似，实际的表现还要在这些几何形式的基础上进行变化，以打破规则的状态（如图7）。

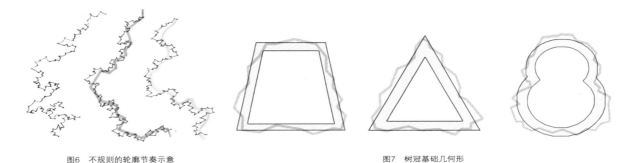

图6　不规则的轮廓节奏示意　　　　　　　　　　　　　　　图7　树冠基础几何形

结构化的硬度

"自然的曲折节奏"不应被理解为自由的曲线形式，而要具有一定的力度表现，建立一种硬度表现的意识。在练习时，首先要确定树冠的大体轮廓，可以通过切线的方式来建立一个"骨架"基础，以加强对硬度表现的惯性（如图8）。

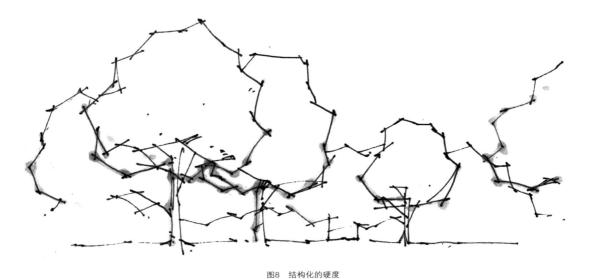

图8　结构化的硬度

树的模式化表现虽然能够提供便利的方法，但是也不能满足各种各样的需求，因此要逐渐学会加以变化，感性地去理解和训练。

对于树的概括性表现还有很多优秀的方法，下面介绍一些表现形式，大家不妨借鉴（如图9～10）。

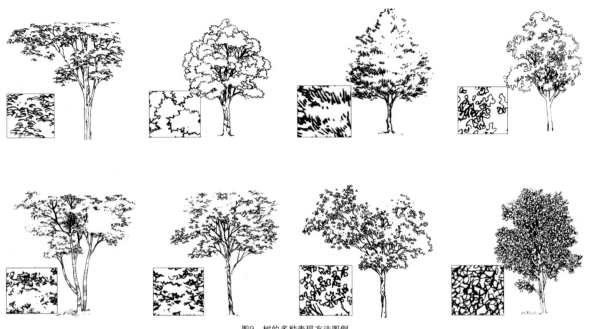

图9 树的多种表现方法图例

图10 普通树形表现实例

塔形树

普通树的画法包含、替代了很多树种，但是在画面中还有一些其他常用树型，如雪松、云杉、冷杉等，这些都属于塔形树，大家也应该着重把握它们的外形特征（如图11）。

图11 塔形树图例

这种树型在实际的表现中是非常概括的，主要是突出表达它的轮廓特征和体积感，不需要过于细致地描绘。塔形树在画面中一般用于点缀，通常是以高低不同的两、三棵为一组出现，如果大面积使用会破坏画面效果，因为它们的遮挡面积比较大，细长的形体特征比较显眼，此外，也不宜在近景中出现（如图12）。

图12 塔形树表现实例

热带树

在表现热带环境的画面中，椰子树、棕榈树等大型热带树木也是常用的树型，它们具有很强的环境和区域符号特征，能够有效地表达和烘托场景气氛（如图13）。

图13 热带树图例

为了能更好地体现树冠的体积感，对这类树型的表现要侧重于叶面形状和层次的把握，要把它们修长而略带弧线的外形特征画出来，特别要注意的是叶面下垂效果的表现（如图14）。

图14 热带树表现实例

其他树型

在手绘表现中还有一些比较有特点的树型，如竹子（如图15）、垂柳（如图16）等，但在实际表现中出现频率并不高。

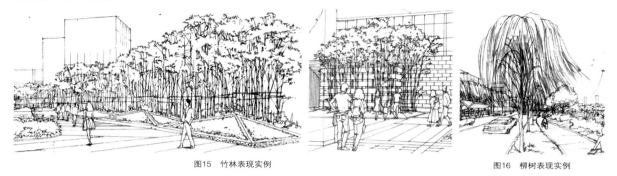

图15 竹林表现实例　　　　　　　　　　　　　　　　图16 柳树表现实例

枯树表现形式有益于"普通树"的训练，同时为后期着色留有余地，是比较实用的技法（如图17~18）。

图17 枯树表现实例

图18 枯树多用于着色画面

有些学习者认为画树就应该细致了解多个树种，甚至需要分门别类地熟记于心，如果能够做到这点当然好，但在快速手绘表现中现实意义并不大，如果在表现中确实对树种非常了解或在表现中有精准的需求，也可以参考相关资料，做更加细致的表达。作为配景，树的作用在于烘托场景气氛，对其的表现应偏于简练和含蓄。以上介绍的这些树的表现形式都是比较概括的，是在大的形体特征基础上强调概括性的效果，特别是普通树，它作为基础树型画法，相当于一个标准"模块"，具有很强的可变性，可以以它为原型进行各类树型的发挥表现，使其在画面中以各种形态、尺度出现，从而使画面富于节奏变化，因此，普通树在实际表现中是非常实用的画法。

丛

丛（泛指灌木）主要是针对除乔木以外的植物组群，我们用了一个很精练的字"丛"，在这里指的大多是低矮的、在画面配景中主要用于陪衬的植物形式，但是实际使用频率和画面比重都很高。

这种丛的表现内容和方式非常多，我们也来给它分出主要的类别。

1. 草丛

草丛一般作为近景点缀在画面的角落，体现野生的自然效果。但是草丛的组成内容不是单纯的草，而是由多种小型灌木汇集而成的植物组团。

这种草丛的画法没有特定的规则，需要注意的是叶面之间的穿插、层次及大小比例关系的表达（如图19）。

图19 草丛表现实例

2. 花丛

花丛有两种形式，一种近似于草丛，也同样汇集于画面的边角，作为近景装饰，这种表现需要细致一些，趋于写实；另外一种是方案中经常出现的花池，一般被放在画面的中景部分，表现为连续的团状效果，不需要进行细致刻画（如图20）。

图20 花丛表现实例

3. 低矮灌木丛

低矮灌木丛在画面中的表现十分概括，不太适合作为近景使用，一般放在中景及远景。低矮灌木丛在画面中主要起填充和点缀作用，用来增加画面景深的空间层次及调配画面比重和密度，同时使画面增添郁郁葱葱的自然效果。低矮灌木丛的轮廓线自然而富有韵律，连续性强，整体形态要有团状的效果和体积感，树干和枝杈可以忽略不画（如图21～22）。

图21 低矮灌木丛图例

图22 低矮灌木丛表现实例

　　"丛"是众多低矮植物的统称，在画面中是比"树"低一级的植物配景，但是其作用不亚于"树"，它是点缀、填充、装饰画面的必要配景形式，如果没有"丛"的贯穿和调节，画面就等于失去了一个重要的层次环节，就无法构成一幅完整的手绘画面。此外还需要说明的是，"丛"在画面应用中也有较大的虚拟成分，并不是完全按照方案表现的（如图23～24）。

图23　"丛"的表现实例

图24　"丛"的表现实例

地

在植物配景表现中所谓的"地"指的是草地。草地在景观设计中是对绿化程度和自然效果的直接体现，所占的面积较大，在手绘画面中更是衬托"树"和"丛"乃至烘托整体环境氛围的要素。不要认为草地仅仅是空白添色就可以了，在手绘表现中不能忽视对草地的表现，它虽然简单，可也有其比较独特的表现形式（如图25～27）。

草地的画法有很多，但是共通的技法特征都是运用短线做大量重复性的铺垫，以描绘草地的质感，同时增加画面的层次感，前文中曾经介绍过的"骨牌线"就是在此应用的。

使用简单统一的笔触形式可以表现草地的质感，但这并不是简单地填充空白，要讲求线条的远近疏密及过渡变化，近处还要特意地带有一些省略效果。这种草地的画法没有给着色留过多余地，比较适合黑白形式的手绘表现。为了与之相协调，保证画面效果统一，对周围景物的表现也应该带有丰富的笔触效果。

第二个简便概括的方法，是对草地的质感仅仅加以轻微描绘。这种横向的"条纹"虽然简易，但是却能够将草地的层次关系表现出来，此手法在画面中不宜过多，也不能过于强调，要体现参差不齐、错落有致的效果。

图25　类似骨牌线的画法

图26　线条略有变化，体现参差不齐的效果

图27　草地表现实例

"树""丛""地"，这种分类方法的意义并不是对植物种类的区分，而是作为组块为画面构建高、中、低的节奏关系，它们各自代表一个层次环节。植物配景的意义在于搭配组合，在学习它们具体画法的同时，还要注意领会这个实质概念。

2 水

水在表现中是一个重要角色，在设计中的应用形式非常广泛，在手绘表现中，水已经不完全是一种配景的意义了。对于水的手绘表现是根据设计方案来定的，通常以几种特定状态出现，我们要学习的表现方法就是围绕着这几种状态来展开的。

水面

画水面主要针对的是倒影的表现，水中的倒影表现采用的是折线形式的笔法，就像荡漾的水波。画倒影效果用铅笔或绘图笔都可以，画的时候要注意上紧下松，收尾处要含蓄自然（如图28）。倒影不宜画得过密，更不能过于近似、均衡。采用折线的形式就是为了突出水岸的效果，以此来衬托出水面，所以水面除倒影外基本是空白不做描绘的（如图29）。

水中的倒影实际上是对岸边景物的反映，这种折线表现形式突出的是概括性的效果，在实际表现时只要能适当体现岸边大体的实际内容就可以了，不需要如实地反映景物的倒影细节（如图30）。

不要把岸上景物在水中的倒影表现得过于清晰和完整，要略有变形，但是需符合大体的透视关系。倒影只用体现距离水岸较近的景物，距离水岸较远的景物就可以忽略不画了（如图31）。

图28　倒影折线笔法

图29　倒影集中表现在边缘

图30　适当体现岸边实景形态

图31　倒影表现实例

图32 跌水笔法示意

跌水

跌水是指溪流、小型瀑布或水池的水流跌落等水景，体现水流的自然动感。表现这种效果通常是预先留出空白，而后添加自然的水流线条肌理。如果使用铅笔进行表现，可以略微地将边缘虚化，水流的纹路也可以通过轻微的"蹭笔"来表现，这样整体上看起来就会比较含蓄。如果使用绘图笔，则要用少量而快速流畅的纤细线条来表现水流的效果，用笔速度要尽量的快（如图32～36）。

对跌水的表现不论采用铅笔还是绘图笔，都应该是略加修饰的处理，线条和笔触不能过多过密，要以预留空白为主。

图33 跌水图例

图34 跌水图例

图35 跌水表现实例

图36 跌水表现实例

喷泉

喷泉的种类很多，但是基本上可以概括为两种主要形式。

一种是喷涌状态，这是常见的喷泉形式，在设计中为强调自然效果通常以高低不同的分散形式点缀于水面。在表现中突出的是"涌"的效果，最好事先将它的形态轻轻地勾画出来，形体轮廓要用圆润的水花线表现，左右的水花形态不要过于均匀对称，以体现涌动感，但不要过分夸张（如图37～38）。

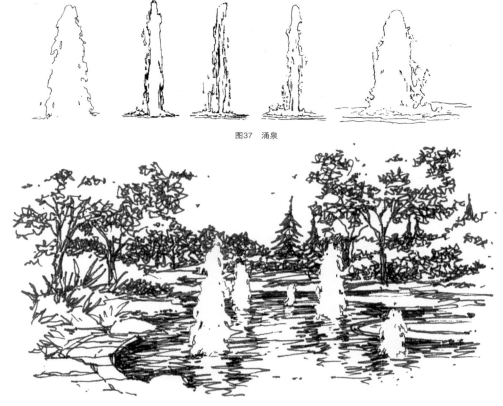

图37　涌泉

图38　涌泉表现实例

　　另一种是喷射效果，就是生活中最常见的喷泉形式，轨迹是抛物线形式的水柱。表现这种喷泉效果要预先留出空白，随后用笔将边缘稍加强调。另外，还可以在最后用橡皮、水粉白、涂改液等修改工具修出其形态，以突出水柱的肌理质感和体积感（如图39）。

图39　喷泉表现实例

水生植物

　　水生植物是处理水岸和水面的重要元素，能使画面更加生机勃勃，富有亲切感。水生植物配景多出现在画面近景，一般需要相对细致的表现，有些叶面往往需要逐一描绘。以下是一些水生植物的手绘实例，可根据实际情况进行借鉴和使用（如图40～41）。

图40　水生植物图例

图41　水生植物表现实例

3　石

　　石头与水在画面中总是相互映衬，紧密相连的。水边的石头形态偏圆，大小不一，且需要有较明显的参差节奏感，一般作为水岸边界，表现时可少量描绘水晕效果作为底部收边处理，但没必要画倒影（如图）。除了与水景配合外，石头还可以放在草地、路边等位置作为配景点缀（如图42～43）。

图42　水边的石头表现实例　　　　　　　　图43　放在草地、路边的石头表现实例

　　石头的形态表现要圆中透硬，需要进行单独的形态练习，画面表现中一般还会配合添加少量草地肌理以衬托着地效果。石头不适合单独配置，通常是成组出现，练习时就要注意石头大小相配的组群关系（如图44）。

图44　石头图例

4 铺装

铺装在手绘画面中是配景的主要内容之一，直接体现着方案设计，并涉及各类材料表现，但在实际表现中仍是比较概括的，以突出其材料肌理特征和效果为主。石板、卵石、铺砖、木板等是景观设计中常用的铺装形式（如图45），在实际表现中应注意以下几点：

· 无论何种铺装，都要注意收边处理，以提高细节视觉感。

· 要注意近大远小、近疏远密的透视效果体现，这是在表现时经常会被忽略的。

· 对一个区域内单一样式的铺装尽量不要画满，特别是近景部分，要做适当省略，这样可以增强手绘效果的体现。

· 注意材料肌理及其规格的密度表现，如木板、碎石、卵石铺装，表现它们的肌理（包括纹理）和铺设的密度必须讲求疏密节奏的控制。另外，对不同铺装材料要采用不同的用线方式。

图45 常用铺装表现实例

5 人

人物配景的作用是为了增强画面的生动感，并配合体现空间尺度。

快速表现

在快速手绘表现画面中，人物表现手法比较概括，其中有两种典型的表现形式。

第一种是比较"硬"的表现形式，用笔迅速，线条硬度效果非常明显，人物体形表现偏修长，且多呈现梯形和三角形的形态（如图46）。

图46 三角形、梯形的人物表现图例

另外一种手法更加概括，不突出体态特征，仅做轮廓表现，而且也基本不表现动态和装束，在有意缩小人物头部和弱化腿部表现的同时，只强调身体部分的形态，有点像"口袋"。这种手法旨在配合环境气氛的表达，对于没有绘画基础的学习者来说非常实用（如图47）。

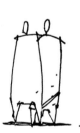

图47 "口袋"形式的人物表现图例

但是这两种形式的人物配景都是用于快速表现画面，因为概括性较强，所以不要放在画面过近的部位。在比较正式、细致的手绘效果图表现中，人物配景就需要采取略微写实一些的画法了。这种写实表现并非十分真实、精细，也带有一定的概括性。需要注意以下几点：

· 比例——注意人体的大致比例，男为七个半头，女为六个半头。

· 着装——人物的着装不要过于新奇和特殊，要以生活中常见的形式为主，比如西装、夹克、衬衫、T恤、裙子等，还可以添加眼镜、帽子、围巾等提升视觉生动感。另外，一定要注意着装的季节性与画面场景的逻辑关系，比如在明显的夏季场景中穿着冬装的错误。

· 动态——在画面中要强调站、行、坐几种基本动态的差异，更需要体现正面、侧面及半侧面的不同形式，这样才会显得生动自然，对于特殊姿态动势可根据情况需要添加，如跳舞、游泳及其他运动形式等，一些偶然动作及过于特殊和夸张的姿态最好不要采用。

写实画法

在商业手绘效果图表现中，对细节刻画有比较高的要求，中近景的人物是重要的画面元素。

中近景人物大多位于画面的中下部，多数表现为半侧面、侧面和背面，一般情况下不做夸张姿态的表现，多为漫步动态。此外必须注重人物的性别、年龄、身份特征的区分，以此来配合表述所在场景的环境特征，如学校、商业办公场所、旅游区等（如图48～49）。

图48　写实画法的人物表现

图49　写实画法的人物表现实例

人物配景训练方法

　　配景人物的写实表现需要一定的美术基础训练，特别是速写功底。对于没有学习过绘画的手绘学习者来说，平时可以积攒多种服饰、动态及组合形式的人物照片并描画下来，作为实际表现时的应用素材。这是一种非常现实而有效的方法，并不违背手绘表现的原则，同时这个收集、描画的积累过程也必然是一个很好的锻炼过程（如图50）。

图50　人物配景图例

　　人物的表现形式只是一个方面，更重要的还在于处理人物配景在画面中的布置摆放。

　　配置人物需根据不同的景深关系，用不同大小尺度的人物来体现空间进深，拉开远近层次。需要特别注意的是，如果画面采取正常视高（人的标准视高），那么在画面中所有站立与行走的人物（小孩除外）无论配置在远景、中景还是近景，他们的头部都要位于同一水平线上，这样能够非常有效地发挥其体现景深层次（透视效果）的作用。当然，这是一个概括性的准则，人身高的自然差异也可以忽略不计。此外，人物分布的疏密关系也很重要，应注重安排、调整人物间空隙有紧有松的自然效果，不要过于均衡、有序。要强调组合，通常以两人为一组，或与适量的单人配景进行搭配，这样会使画面生动自然且有节奏，过多的单人表现会使画面零散、生硬，三人以上的组合过多会显得过于密集，对画面主题遮挡不利于层次关系的体现。普通情况下，人物配景尽量摆放在画面上不很重要的或比较空洞的位置，以使其成为"顺其自然"的画面填充和点缀的内容。

6 其他配景

为了满足画面场景的需要，下面还有一些其他配景示例和实例图片供大家参考借鉴（如图51～58）。

图51　座椅表现实例

图52　花池与树池表现实例

图53 栏杆表现实例

图54 栅栏表现实例

图55 构筑物表现实例

图56　景墙表现实例

图57　交通工具表现实例

图58　路灯与广告表现实例

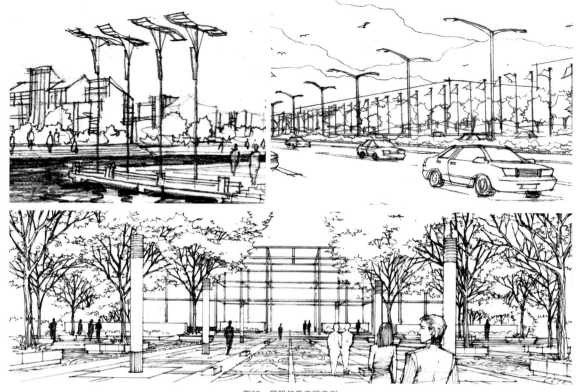

图59 照明灯具表现实例

　　手绘配景表现不仅能提高画面的完整性和生动感，更能激发设计师的灵感（如图60）。不可否认，手绘配景的学习带有一定的模式化，但配景的训练和积累更多来自于对生活的观察和体会，这个学习过程本身对设计及审美能力的提高都十分有益。

图60 手绘配景组合表现实例

7 配景与环境气氛

有很多学习者总觉得自己的画面"空"，因为不知道如何布置、搭配相应的配景；还有些学习者纠结于配景的遮挡问题，担心影响画面效果，不敢配置配景。这些状况其实都属于经验问题，对画面场景的气氛没有把握，不能根据场景类型组织、添加配景。

在画面中，"配景"既是个名词，也是个动词，关键还要看如何去"配"。下面我们结合最常见的商业和居住两种场景类型，总结一些配景的经验要点供大家参考：

商业及公共空间

· 人物表现要丰富，但要注意拉开进深层次；

· 占据画面比较多的还有各种广告、灯箱、橱窗等，提升商业场景气氛；

· 休闲座椅配遮阳伞是最适合此类场景的配景；

· 要强调此类场景的地面铺装表现，增加都市商业感；

· 突出路灯、壁灯、景观灯等照明设施的表现；

· 遮阳篷能非常有效地营造商业休闲氛围；

· 适量添加一些气球、彩旗、飘带等；

· 植物配景表现应适当减弱，树木不宜过大，且强调规整排列；盆栽形式比较适合，不过不要随意添加低矮灌木。

居住空间

· 树木和草地等各种植物配景的画面占有率较高；

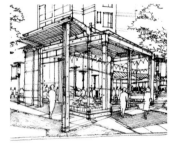

· 根据方案设计情况，可突出与水有关的内容；

· 强调近景路面的铺装形式，并注意使用放松、有节奏的笔法；

· 栅栏适合添加于别墅住宅场景；

· 适当添加休闲座椅和低矮照明；

· 人物配景的数量不宜过多，应适当点缀，突出此类场景以静为主的氛围特征。

搭配禁忌

配景表现的自由度比较大，在培养大胆、自信地进行配景组织、添加的同时，还要注意以下几个问题：

· 配景表现的目的是为了配合方案设计，过多的配景添加势必会造成画蛇添足甚至喧宾夺主；

· 应该特别注意配景添加与组合的逻辑性，如地域性、季节性等很多基本的逻辑关联，避免出现明显的常识性错误；

· 合理的配景表现是为画面营造平和、正常的气氛，应注意回避特殊性、偶然性的成分，更不要随便用配景来为画面制造"故事情节"；

· 添加配景并不是个性绘画的表现，除方案涉及到的相关内容以外，不要特意去把一些完全属于自己喜好的内容强行作为配景加入画面，这是初学者常见的错误。

以上内容仅作为经验性的参考，由于每个人的表现领域不同，都是针对自己的工作、学习方向进行特定的场景表现，因此总结出一些要素，归纳出自己常用的配景内容是十分必要的。

第8章 画面生成与效果图表现

本章内容主要是归纳并应用各章节技法完成一幅手绘表现作品的综合性流程，从确定要表达的主题开始，直至最后完成，涉及到透视、立体形象思维、构图和配景等内容，就像电影导演一样，控制和调配各类相关元素，按编排步骤逐步表现。

1 手绘表现基本步骤

无论是快速表现还是商业化的手绘效果图，都要经过从方案设计图纸到表现完成的过程，这个过程不仅是一个完整的步骤，更是设计思考的过程。

分析方案，建立透视框架

首先要根据方案设计的核心内容，进行取景判断（表现意图），确定最佳站点和视角范围，这是至关重要的第一步，如何突出设计主题和场景氛围的预想是关键。

接下来要在平面图中寻找轴线关系，以确立主线。我们可以用相互垂直的红色、蓝色辅助线放置于平面图中，分别代表道路或溪流，再将平面设计内容引入到立体场景之中，迅速地建立起透视框架，这样可以轻易入手，对初学者有很大的帮助（如图1）。

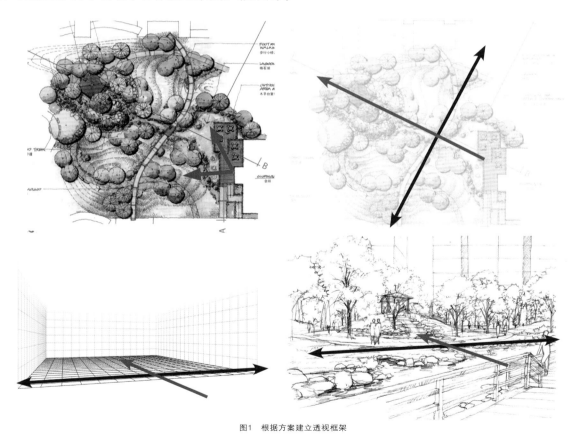

图1　根据方案建立透视框架

景观方案设计手绘往往采用简易成角透视框架，这种透视效果自然生动，贴近于真实的视觉感受。

确定底稿

根据实际需求，草稿（如图2）也可以直接着色。这种草稿无需花费过多的时间，重点在于表达主要内容和场景氛围，控制画面整体节奏，适当描绘物体的特征即可，还可以适当表达黑白关系。

勾描线稿（如图3）是为较正式的成果表达做着色的准备，在草稿基础上对画面内容进行调整和细化加工，对线的组织分布要有疏密的考虑，为着色留出余地，所完成线稿工整、干净、清晰。

着色完成

此范例中采用透明水色着色，先用毛笔进行大面积铺垫，后用马克笔进行边角修整，主要集中在植物间的空隙、远景空隙和水面倒影部分。在着色完成以后还可以使用绘图笔对线稿局部形态和细节进行补充描绘，加强形体感。此外，水景还可以使用涂改液或水彩白进行特殊的效果表达（如图4）。

图2　绘制草稿

图3　勾描线稿

图4　完成着色

2 画面组织综合技巧

完成一幅手绘效果图，大部分时间是用于组织画面，添加配景，绘制线稿，这些步骤所占的时间比例约为总体的2/3，而着色则是排在第二位，一般只占1/3，甚至更少，所以还是应把精力更多用于前期表现（如图5～9）。

图5　方案设计图纸

前期表现的主要手段

草图与构图小稿

在构思阶段，可以先通过草图形式来确立基本的空间关系和主体内容，主要目的是表达大的空间尺度和场景特征，这种草图往往采用俯视的视角，旨在初步建立一个主体场景想象的基础，用于判断视角的最佳位置，而后才进入表现视角，所以它是草图而不是"草稿"。

接下来进入构图小稿表现，这是线稿表现前的必要步骤，可通过不同的小稿对视角进行设定和调整，并同时对配景配置进行初步尝试和计划。

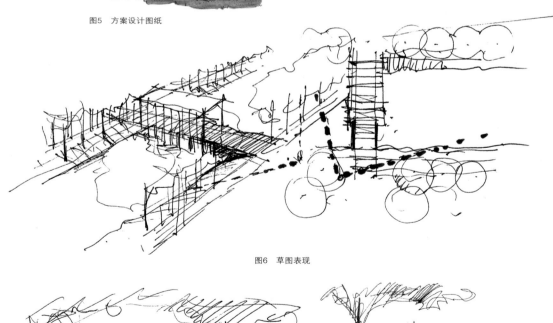

图6　草图表现

图7　构图小稿

图8 绘制线稿

图9 着色完成

在这个范例中可以看到，完成的画面与构图小稿有一定的差异。由此可见，构图小稿并不是确定线稿的绝对基础，所以不能作为深化表现的底稿使用。构图小稿是画面组织的基础，只有通过反复尝试、比较、验证，才能使线稿的表现有的放矢，作为效果图的前期工作，草图和构图小稿是构建完整画面的重要环节。

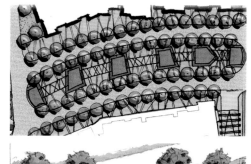

图10 方案设计图纸

快速表现（初步定稿）

在通过构图小稿基本确定了视角之后，就可进入快速表现环节。快速表现的主要目的是更进一步的场景验证，也同样只体现大致的形象特征和空间关系，笔法非常快，注重强调整体效果，还可添加少量的光影点缀，总体而言，比构图小稿稍微具体一些。在实际表现中，这种快速表现对画面的组织构成有很大帮助，它不需要很细致的描绘，但它的完成预示着画面已经初步定稿，所以它也可以作为正式线稿的参照底图（如图10～13）。

图11 快速表现   图12 快速表现

图13 着色完成

　　快速表现是在构图小稿的基础上对构图、配景添加的进一步构思和调整，但在实际操作中，经常会出现因快速表现验证后感觉不佳而重新绘制构图小稿调整构图或视角的情况，所以这个环节是具有决定性意义的，它是前期表现中的"概括预览"版本，起到承上启下的重要作用，不需要细节刻画，也不要反复涂改，虽然看上去潦草，但是已经接近画面的最终确立。它是一个综合考量的结果，也是手绘构思与表现能力的综合体现，建议大家注重培养构图小稿与这种快速表现的习惯和能力（如图11~17）。

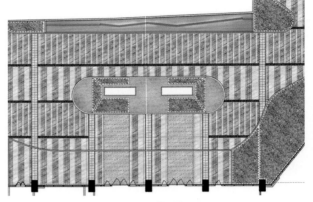

图14　平面图

图15　初期构图

图16　调整并确定构图

图17　成品线稿

图18 成品线稿

图19 成品线稿

图20 着色成品图

线稿与着色相得益彰

　　一幅好的手绘效果图，它的正式线稿是可以独立呈现的，其品质并不逊于着色后的成品，优秀的线稿可以给着色提供不止一种形式的选择。同时，着色也是对线稿的一种补充和提升，能进一步体现场景的真实感，两者相得益彰（如图18～21）。

图21 着色成品图

3 特殊效果表现形式

手绘表现风格形式多种多样，但核心目的还是服务于方案设计的表达，要根据方案的特征选择特定的效果表现形式。

表现不同季节与时间

其中比较特殊的"选择"就是表现不同的季节和时间，这种特殊的表现效果具有较高难度，是手绘者更高层次和能力的体现（如图22～23）。

夜景表现的基本技巧首先是用深蓝色做衬底，对画面进行大面积覆盖，预留出灯光（照明）的部分；然后用各种颜色（黄色为主）填充这些预留的空白，并随之处理它们与底色之间的过渡关系；最后用白粉或涂改液对最亮的部位进行点状或线状的提亮，这一步是最重要的，也是最"见效"的，能弥补前面留下的很多瑕疵和色彩衔接问题。

所完成的画面虽然看似很复杂，但其实表现方法并不复杂，就是通过这三个步骤分别为画面创造出了深、浅、亮三个明确的层次，很多色彩变化和"偶然"效果都出自第二个步骤中的过渡处理环节。当然，总体而言，夜景表现需要有很好的手绘表现能力和经验，对学习者是不适用的，但不妨进行尝试练习。实例是采用透明水色着色的，实际上，水彩表现更加适合。

图22　夜景表现实例

季节效果表现的难度比夜景低得多，属于正常着色技法，只是所用色彩偏于季节特征，这种所谓季节性效果在实际表现中可以说基本指向的就是秋季，这个季节的色彩最为浪漫，色调非常明确，大量使用橙色和黄色，很容易体现秋景效果特征。但是，请注意人物配景的着装季节性。

图23　秋季表现实例

图24 组画表现实例

组画表现

对于方案设计来说，一张效果图不足以完整体现其主题意向和场景效果，往往需要多张、多角度进行全方位立体的表达。组画就是对一个方案进行成组表现，每张图都独立成画，用不同角度、不同的空间场景来共同表现方案主题。这组校园题材的手绘采用了可爱的画面风格，组合后的效果犹如一部连环画，每幅画面的中心都以一颗大树作为方位坐标，使人能明确空间关联性，同时这棵树也含蓄地表达了"树人为本"的教育主题，反映和回应了方案设计的核心。通过这个示例，大家应该更加明确，手绘表现实质是对方案设计的一种诠释，不仅注重画面效果的表达，同时也传达设计思想（如图24～27）。所以，手绘者必须以对方案设计的总体认识为表现前提。

图25 组画表现实例

图26 组画表现实例

图27 组画表现实例

特殊的构图形式

·画中画构图——这是一种强化空间层次和情景感的特殊构图形式，如果方案设计中的内容具备这个条件，就可以将视角设定在一个有"框架"构造的空间中，将这个框架变为一个"窗口"，这个"窗口"在构图中相当于一个二级画框，能让视线穿过它来看画面主要内容，这样画面的结构感和情景感就会被大幅提升，这是经验丰富的手绘者常用的构图手法（如图29）。

图28 "画中画"的构图实例

·轮廓构图——这种构图多用于小空间表现，室内场景居多，因为空间小或内容相互遮挡严重而主动舍弃一些墙体、柱子等界面和构造，是对小范围或局部场景的选择性表现。这种构图的特征是根据表现内容自然形成的一个相对完整的轮廓，通过省略对轮廓以外的内容表达，来最终形成一个异形的画框（如图30）。

由上述两种特殊构图形式可以看出，手绘画面的组织其实是很自由、很主观的，关键在于方案设计本身，应学会利用甚至创造有利于画面场景表现的各种条件，对于不利因素还要敢于舍弃或变通。要明确一点，我们所表现的是设计方案，而方案设计没有相同的可能性，所以手绘表现也一定都

图29 "轮廓"构图实例

是独一无二的，因此应该最大程度地做到主动控制画面，而不要为画而画，让手绘表现成为心理负担，更不能总想"借用""复制"别人的画面。因为画笔在你自己手中，你有绝对的"权力"对画面进行任何形式的处理，只有建立这种意识和自信才是手绘学习的真正要领（如图31）。

图30 手绘——思考与表现的同步——大胆画出你所想像的场景